Guojia Zhongdian Baohu
Jingji Shuisheng Dongzhiwu Tupu

国家重点保护
经济水生动植物图谱

农业部渔业渔政管理局
全国水产技术推广总站 编

中国农业出版社

图书在版编目（CIP）数据

国家重点保护经济水生动植物图谱/农业部渔业渔政管理局，全国水产技术推广总站编 . —北京：中国农业出版社，2017.1

ISBN 978-7-109-22205-2

Ⅰ.①国… Ⅱ.①农…②全… Ⅲ.①经济动物－水生动物－动物资源－中国－图谱②经济植物－水生植物－植物资源－中国－图谱 Ⅳ.①S94-64

中国版本图书馆 CIP 数据核字（2016）第 240332 号

中国农业出版社出版
（北京市朝阳区麦子店街 18 号楼）
（邮政编码 100125）
责任编辑　张艳晶　郑　珂

北京通州皇家印刷厂印刷　　新华书店北京发行所发行
2017 年 1 月第 1 版　　2017 年 1 月北京第 1 次印刷

开本：700mm×1000mm 1/16　印张：15.75
字数：240 千字
定价：158.00 元
（凡本版图书出现印刷、装订错误，请向出版社发行部调换）

编辑委员会

前言

我国海域辽阔，江河湖泊众多，为众多水生生物提供了良好的繁衍空间和生存条件。受独特的气候、地理及历史等因素的影响，我国水生生物具有特有程度高、孑遗物种数量大、生态系统类型齐全等特点。以水生生物为主体的水生生态系统，在维系自然界物质循环、净化环境、缓解温室效应等方面发挥着重要作用。丰富的水生生物资源是人类重要的食物蛋白来源和渔业发展的物质基础。科学养护和合理利用水生生物资源对推动渔业转方式调结构、促进渔业可持续发展、维护国家生态安全具有重要意义。

农业部高度重视水生生物资源养护工作。2007年，根据《中华人民共和国渔业法》和《中国水生生物资源养护行动纲要》有关规定和要求，农业部制定并颁布了《国家重点保护经济水生动植物资源名录（第一批）》（以下简称《名录》），并于同年启动了国家级水产种质资源保护区建设工作。《名录》共包括166个物种，其中鱼类99个、虾蟹类17个、贝类20个、藻类7个、爬行类2个、高等水生植物9个、藻类等其他类型12个。《名录》的制定，一是立足于当前我国水生生物资源保护利用现状和渔业可持续发展需要，进一步促进水产种质资源保护。据2006年《中国渔业统计年鉴》，近海捕捞产量超过10万吨的经济鱼类有18种，均已被列入《名录》，占当年近海鱼类总捕捞产量的90%以上。二是明确保护对象和保护重点，为制订完善禁渔休渔、增殖放流、保护区建设等各项资源养护措施提供依据。三是将菱、荸荠、慈姑等 9 种水生植物列入《名录》，并全面整理鱼、虾、蟹类等水生经济物种类型，完善水生生物资源养护利用体系，为开展水域生态修复、治理水域荒漠化、维护水域生态系统的完整性创造基础条件。

为进一步做好水生生物资源养护工作，农业部还先后设立了禁渔区和禁渔期制度，组织实施了部分水生生物物种的专项捕捞许可制度，组织开展了大规模的增殖放流活动，大力推进人工鱼礁和海洋牧场建设。这些工作对全面实现《中国水生生物资源养护行动纲要》及《国务院关于促进海洋渔业持续健康发展的若干意见》（国发〔2013〕11号）确定的水生生物资源养护目标，推动水生生物资源养护事业科学规范有序发展，缓解当前渔业资源衰退、水域生态恶化、生物多样性减少和物种濒危程度加剧等问题发挥了重要作用。

随着资源养护工作的深入开展，资源养护规模和社会参与程度的不断提高，相关工作的科学性和规范性要求日益提高。为进一步加强重要经济水生动植物资源的保护，切实做好水生生物资源养护工作，我们组织编辑了该图谱，收录了《名录》共 166 个品种。该图谱全部采用实物拍照，并配有中文名、学名、英文名、俗名、分类、分布、常见个体、形态特征、生活习性、资源养护措施等文字描述。其中，资源养护措施中国家级水产种质资源保护区数据截至2015 年年底。增殖放流相关数据来源于《农业部关于做好"十三五"水生生物增殖放流工作的指导意见》。

本图谱既能体现出系统的科学性，又通俗易懂，便于查阅使用，是一部关于水生经济动植物资源保护方面较为直观、准确的工具书，可供各级渔业行政主管部门，相关科研、推广、教学、社会团体等机构以及水生生物爱好者参考使用。

编 者

2016 年 8 月

目录

学　名：*Clupea pallasii*（Valenciennes，1847）

英文名：Pacific herring

俗　名：太平洋鲱、青鱼、青条鱼、青九红线、海青鱼

鲱 1

分　　类：鲱形目、鲱科、鲱属。

分　　布：我国渤海、黄海均有分布。

常见个体：一般体长 25～36cm，体重为 180～500g。

形态特征：体延长，侧扁。腹部近圆形，眼具脂眼睑。口较小，前上位。体被
圆鳞易脱落。无侧线。背鳍中位，尾鳍叉状。背鳍鳍条 15～17，
体背灰黑，两侧及下方白色。椎骨 52～55 个。

生活习性：冷水性鱼类。一般栖息于 12℃以下水域，不作远距离洄游。有若
干种地方性种群。黄海的太平洋鲱主食太平洋磷虾、中华哲水蚤、
箭虫等。春季产卵于近岸浅水区，附着于海藻、岩石、贝壳等物
体上。

2 金色沙丁鱼

学　名：*Sardinella lemuru*（Bleeker，1853）
英文名：Round sardinella
俗　名：鳁、青鳞鱼、沙丁鱼、黄泽

分　　类：鲱形目、鲱科、鲱属。

分　　布：广东、福建和浙江近海。

常见个体：体长 12.9～16.8cm。

形态特征：体略呈纺锤形，口小，脂眼睑发达。鳞片易脱落，腹缘侧扁且稜鳞
　　　　　尖锐。体为银白色，背部颜色较暗，鳃孔后有一不明显的金黄斑，
　　　　　体侧具一不明显的金黄纵带。尾鳍叉形。

生活习性：生活于 15～100m 海域，属表层洄游性鱼类，活动性强，对低盐度
　　　　　的水耐受力极强，为广盐性鱼类。杂食性，以浮游动植物为主。春
　　　　　季为繁殖期，产浮性卵。

学　名：*Sardinops melanostictus*（Temminck
　　　　et Schlegel，1846）
英文名：Japanese pilchard
俗　名：沙脑鲴、真鲴、大肚鲴、斑点莎瑙鱼

远东拟沙丁鱼 3

分　　类：鲱形目、鲱科、鲱属。

分　　布：黄海、东海均产。

常见个体：体长 14～20cm。

形态特征：体形侧扁。体背部青绿色，腹部银白色，体侧有两排蓝黑色圆点，
　　　　　上排斑点不显著，下排斑点一般为 6～9 个。鳃盖骨上有明显的线
　　　　　状射出条纹。鳍条 18 根，最后 2 根鳍条明显扩大。

生活习性：近海暖水性小型中上层鱼，全球分布面较广，但局限于年平均水温
　　　　　10～20℃的温带水域。

4 鳓

学　名：*Ilisha elongata*（Bennett，1830）

英文名：Elongate ilisha

俗　名：白力鱼、曹白鱼、鲞鱼、白鳞鱼、鲙

分　　类：鲱形目、鲱科、鲱属。

分　　布：我国沿海均有分布。

常见个体：体长25～40cm，最长可达60cm。

形态特征：体侧扁，银白色。头后部略凸。腹缘有锯齿状棱鳞。头前端尖，吻上翘，眼略大。体被中等大的圆鳞，无侧线，全身银白色。臀鳍基底长约为背鳍基底长的6倍，腹鳍很小，尾鳍分叉深。仅吻端、背鳍、尾鳍和体背侧为淡黄绿色。

生活习性：亚热带及暖温带近海洄游性的中上层鱼类，其洄游季节性较强，游泳迅速，对温度的反应敏感，以头足类、虾类、鱼类、糠虾类和毛颚类为食。

学　名：*Engraulis japonicus*（Temminck et Schlegel，1846）

英文名：Japanese anchovy

俗　名：抽条、离水烂、青天烂、船丁鱼、烂船钉、乌尧、丁
　　　　香、乌江、海河

鳀 **5**

分　　类：鲱形目、鳀科、鳀属。

分　　布：我国沿海均有分布。

常见个体：体长 8.2～11cm。

形态特征：体细长而侧扁。口宽大，口裂远超过眼后方，上颌长于下颌，两颌
　　　　　和舌上有细齿。眼大，被薄脂眼睑。头顶稍平，有 3 条隆起棱。体
　　　　　背深青色，体侧上方微绿，下方及腹部银白色。

生活习性：温带海洋中上层的小型鱼类，趋光性强，有明显的昼夜垂直移动现
　　　　　象，鱼群常环绕光源作回旋游泳。以浮游动物、桡足类为食。

6 黄鲫

学　名：*Setipinna taty*（Valenciennes，1848）

英文名：Scaly hairfin anchovy

俗　名：麻口前、毛口国、鸡毛鲚、黄雀、茫口、簿鲫、薄口、
油扣、烤子鱼

分　　类：鲱形目、鳀科、黄鲫属。

分　　布：南海、东海、黄海和渤海。

常见个体：体长 15cm 左右。

形态特征：体扁薄，体被薄圆鳞，腹缘有棱鳞。无侧线，胸鳍上部有一鳍条延
　　　　　长为丝状，背鳍前方有一小刺，臀鳍长，尾鳍叉形。吻和头侧中部
　　　　　呈淡黄色，体背青绿色，体侧银白色。

生活习性：为近海暖水性中、下层小型鱼类，栖息于水深 4～13m 以内淤泥底
　　　　　质、水流较缓的浅海区。适温范围 5～28℃，肉食性，主要摄食浮
　　　　　游甲壳类，还摄食箭虫、鱼卵、水母等。有洄游特性。

学　名：*Trachinocephalus myops*（Forser，1801）

英文名：Snakefish

俗　名：公奎龙、海乌狮、沙头棍、狗母鱼、狗
棍、丁鱼

大头狗母鱼

分　　类：灯笼鱼目、狗母鱼科、大头狗母鱼属。

分　　布：南海、东海，我国台湾海域均产。

常见个体：体长 15～25cm。

形态特征：体长圆形，被圆鳞。前端略粗，后端较细。背鳍位于腹鳍基部的后
上方，脂鳍位于臀鳍基底后部的上方，胸鳍小，尾鳍深叉状。头背
部有红色网状花纹，沿体侧有 12～13 条灰色纵纹和3～4 条黄色细
纹相间。

生活习性：生活在暖温性近海的底层，尤喜在水深 20～100m 沙泥底质处活
动。肉食性，性凶猛，以甲壳类、头足类、鱼类等为食。

8 **海鳗**

学　名：*Muraenesox cinereus*（Forsskål，1775）

英文名：Daggertooth conger

俗　名：鳗、海龙、狼牙鳝、门鳝、门虫先、麻鱼

分　　类：鳗形目、海鳗科、海鳗属。

分　　布：我国沿海均有分布。

常见个体：体长 50～150cm。

形态特征：体细长，躯干部近圆筒状，尾部较侧扁，无鳞。上下颌延长，具强
　　　　　尖锐齿。体光滑无鳞，侧线孔明显。体背侧银灰色或暗褐色，腹侧
　　　　　乳白色，背鳍、臀鳍、尾鳍边缘黑色，胸鳍浅褐色。

生活习性：暖水性近底层鱼类，一般喜栖息于水深 50～80m 的泥沙底海区，
　　　　　为季节性洄游。主要以鱼类和无脊椎动物等为食。性凶猛，贪食，
　　　　　游泳迅速，集群性较差。

学　　名：*Gadus macrocephalus* （Tilesius，1810）
英文名：Pacific cod
俗　　名：太平洋鳕、大头腥、大口鱼

大头鳕 9

■已建立国家级水产种质资源保护区 1 处

分　　类：鳕形目、鳕科、鳕属。

分　　布：黄海以北到渤海及鸭绿江口诸海域。

常见个体：体长 21～70cm。

形态特征：各鳍均无硬棘，完全由鳍条组成。腹鳍喉位。下颌颏部有 1 须，须
　　　　　长等于或略长于眼径。两颌及犁骨均具绒毛状牙。鳞很小，侧线鳞
　　　　　不显著。胸鳍圆形，较短，中侧位。背鳍 3 个，3 背鳍几乎等间距
　　　　　分布。

生活习性：冷水性底层栖息鱼类。通常栖息在水深 50～80m 泥沙或软泥底质
　　　　　海区，索饵适温范围为 5～10℃，最适宜温度范围为 6～8℃，其分
　　　　　布与黄海冷水团有密切关系。仅作短距离的洄游，摄食范围极广，
　　　　　小型鱼类及无脊椎动物几乎皆为其摄食对象。

10 鲅

学　名：*Liza haematocheila*（Temminck et Schlegel，1845）
英文名：Redeye mullet
俗　名：潮鲻、赤眼鲻、红眼鲻、尖头、肉棍子、红眼

■增殖放流适宜区域：海水物种，渤海、黄海、东海
■增殖放流功能定位：生物净水、渔民增收

分　　类：鲻形目、鲻科、鲅属。

分　　布：我国沿海均产，其中以黄、渤海群体密度较大。

常见个体：体长 20～53.6cm。

形态特征：体形似鲻，呈圆筒形，前端扁平，尾部侧扁。头短宽，前端扁平，
　　　　　吻短钝，口亚下位，呈"人"字形。眼较小，稍带红色；脂眼睑不
　　　　　发达，仅存在于眼的边缘。鳞中等，除吻部外全体被鳞；胸鳍腋鳞
　　　　　不存在；无侧线。

生活习性：暖温性底层鱼类，多栖息于沿海及江河口的咸淡水中，也能进入淡
　　　　　水中生活，性活泼，在逆流中常成群溯游。一般 4 龄达性成熟，生
　　　　　殖季节为 4～6 月，在浅海和江河口咸淡水区域产卵。

学　名：*Mugil cephalus*（Linnaeus，1758）
英文名：Grey mullet
俗　名：乌鲻、黑鲻、乌头、乌鲻、黑耳鲻、斋鱼、白眼

鲻 11

■已建立国家级水产种质资源保护区 1 处
■增殖放流适宜区域：海水物种，东海、南海
　增殖放流功能定位：生物净水、渔民增收

分　　类：鲻形目、鲻科、鲻属。

分　　布：我国沿海均产，以南方沿海较多。

常见个体：体长 30～40cm。

形态特征：体呈圆筒形，背部较平直，腹部圆，前部平扁，向后渐侧扁。头
短，平扁，吻宽而短。口小，亚下位，呈"人"字形。唇厚，眼
大，鳞大，除吻部外全体被鳞。

生活习性：近岸生活的海产鱼类，尤喜栖息于咸淡水混合的水体和江河入口
处。性活泼，善跳跃，对环境适应力强，属中下层鱼类。幼鱼以
浮游动物为食料，成鱼摄食硅藻或刮取固着于泥表的生物。

12 尖吻鲈

学　名：*Lates calcarifer*（Bloch，1790）
英文名：Barramundi
俗　名：红目鲈、金目鲈、盲槽、雷子鱼

分　　类：鲈形目、锯盖鱼科、尖吻鲈属。

分　　布：我国南海、东海。

常见个体：体长 50～100cm，最长可达 180cm，重达 140kg。

形态特征：体延长，稍侧扁。背、腹面皆钝圆，以背面弧状弯曲较大。吻尖而短。眼中等大，前侧上位。口中等大，微倾斜，下颌突出，稍长于上颌。鳃盖骨有一扁平小棘。尾鳍呈圆形。体青灰色，胸鳍无色。其他各鳍灰褐色。

生活习性：温热带近岸鱼类。生活在海水、咸淡水及淡水中。肉食性鱼类，以鱼、虾为食。栖息于河口、江河及湖泊中生长、发育，到繁殖季节，再洄游到海洋中产卵。

学　名：*Lateolabrax japonicus*（Cuvier，1828）

英文名：Japanese sea perch，Black spotfed bass

俗　名：鲈、花寨、板鲈、鲈板

花鲈 13

■已建立其国家级水产种质资源保护区 4 处

■增殖放流适宜区域：海水物种，东海、南海、黄海、渤海

　增殖放流功能定位：渔民增收、种群修复

分　　类：鲈形目、鮨科、花鲈属。

分　　布：我国沿海和河口水域均有分布。

常见个体：体长 50～60cm，最大个体可达 15kg 以上。

形态特征：吻尖，口大，上颌伸达眼后缘下方。背鳍、腹鳍及臀鳍皆有发达的
　　　　　鳍棘，第二鳍棘最强。体背部灰色，两侧及腹部银灰，体侧上部及
　　　　　背鳍有黑色斑点，斑点随年龄的增长而减少。鳞小，侧线完全、平
　　　　　直。背鳍两个，仅在基部相连。

生活习性：广温、广盐性鱼类，多生活于近岸浅海中下层，喜栖息于河口咸淡
　　　　　水处，水深在 20m 内海藻丛生的海区。成鱼多分散栖息，结群不
　　　　　大，作长距离洄游。性凶猛，以鱼类和甲壳类为食。

14 赤点石斑鱼

学　名：*Epinephelus akaara*（Temminck et Schlegel，1842）

英文名：Hong kong grouper

俗　名：红斑、石斑、花斑、过鱼

■■增殖放流适宜区域：海水物种，东海、南海
■■增殖放流功能定位：渔民增收、种群修复

分　　类：鲈形目、鮨科、石斑鱼属。

分　　布：东海南部、南海均有分布，其中广东沿海产量较多。

常见个体：体长 20～30cm。

形态特征：体侧无纵带和横带。鳃盖后缘有 3 棘，前鳃盖骨后缘锯齿状，侧线明显且平直。背鳍、胸鳍黄色；尾鳍弧形，上半部黄色，下半部褐色。生活时头、体侧、背鳍与尾鳍均具赤色斑点。

生活习性：暖温性中下层鱼类，多生活于岩礁底质的海域，一般不呈大群体活动。稚鱼具高度洄游性。肉食性，主要摄食鱼类和虾类。

学　名：*Epinephelus awoara*（Temminck et Schlegel，1842）

英文名：Yellow grouper

俗　名：青斑、石斑鱼、青鳍、泥斑

青石斑鱼 15

■增殖放流适宜区域：海水物种，南海、东海
■增殖放流功能定位：渔民增收、种群修复

分　　类：鲈形目、鮨科、石斑鱼属。

分　　布：东海南部、南海和黄海南部均有分布。

常见个体：体长 15～20cm。

形态特征：体长椭圆形，稍侧扁。体背棕褐色，腹侧浅色，全身均散布着橙黄色斑点，体侧有 5 条暗褐色横带。前鳃盖骨后缘有细锯齿，鳃盖骨有两个扁平棘。体被细栉鳞，侧线与背缘平行。

生活习性：暖水性中下层鱼类，喜栖息在沿岸岛屿附近的岩礁、沙砾、珊瑚礁底质的海区，一般不成群。适温范围 15～34℃，适盐范围广。为肉食性凶猛鱼类，以突袭方式捕食底栖甲壳类、各种小型鱼类和头足类。

16 宽额鲈

学　名：*Promicrops lanceolatus*（Bloch，1790）
英文名：Queensland Grouper，Giant Grouper
俗　名：鞍带石斑鱼、龙趸、龙胆石斑鱼、紫石斑

■增殖放流适宜区域：海水物种，南海
■增殖放流功能定位：种群修复

分　　类：鲈形目、鮨科、宽额鲈属。

分　　布：南海诸岛和海南岛均有分布。

常见个体：体长50cm左右。

形态特征：体粗壮，侧扁。侧线埋于皮下，侧线鳞管由若干放射细管构成。头颅在眼间隔处特别宽大。胸鳍宽大，边缘圆形，尾鳍圆形。在背鳍鳍条部与后部间以及尾柄上有一不明显横带，各鳍浅灰色，散布有不规则黑色斑点。

生活习性：暖水性珊瑚礁及沿岸鱼类，喜栖息于珊瑚礁、岩石洞穴、石砾底质海区。以底栖甲壳类及鱼类为食。

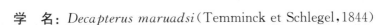

学　名：*Decapterus maruadsi*（Temminck et Schlegel，1844）

英文名：Japanese scad

俗　名：刺巴鱼、巴浪鱼、池鱼、黄占、池仔

蓝圆鲹 17

分　　类：鲈形目、鲹科、圆鲹属。

分　　布：东海、南海、黄海均有分布。

常见个体：体长 17～27cm。

形态特征：体呈纺锤形，稍侧扁。脂眼睑发达，前后均达眼中部。侧线前部弯曲，后部平直，其平直部分被棱鳞。体背部为蓝灰色，腹部银白色，鳃盖后上角有一黑斑，第二背鳍前部顶端有一白斑。第二背鳍和臀鳍后方各有 1 个小鳍，尾鳍深叉形。

生活习性：暖水性中上层鱼类，具洄游习性，喜结群。以桡足类、介形类、萤虾、鳞虾、七星鱼等为食。

18 竹筴鱼

学　名：*Trachurus japonicus*（Temminck et Schlegel，1844）
英文名：Japanese jack mackerel
俗　名：巴浪、刺鲅、山鲐、黄占、大目鲭、竹签、吹鱼、
　　　　大目鳀、阔目池、山舌鱼、豹目鳀、刺公

分　　类：鲈形目、鲹科、竹筴鱼属。

分　　布：我国沿海均有分布。

常见个体：体长 20～25cm。

形态特征：体呈亚圆筒形而稍侧扁。眼睑发达，前部达眼之前缘。胸部完全具
　　　　　鳞，侧线上全被棱鳞，棱鳞高而强，在直线部呈一明显的隆起嵴。
　　　　　体背蓝绿色或黄绿色，腹部银白色；鳃盖后缘上方具一黑斑。

生活习性：中上层洄游鱼类，稚鱼期通常在海洋表层活动，以后逐渐移向中
　　　　　层，游泳力强而迅速，喜结群，性极活泼，对声音感觉灵敏，有趋
　　　　　光特性。以真鲷、鳀和玉筋鱼等为食。

学　　名：*Seriola dumerili* （Risso，1810）

英文名：Dumerils amberjack

俗　　名：章红、马似鲹、鰤、杜氏鰤、紫鰤

高体鰤 19

分　　类：鲈形目、鲹科、鰤属。

分　　布：我国黄海、东海和南海均有分布。

常见个体：体长 30～50cm。

形态特征：体长圆形，侧扁。上颌长，后端几乎伸达眼中部下方。第一背鳍具
　　　　　7 鳍棘，棘间有膜相连。体褐黄带褐紫色，体侧从吻至尾鳍基有一
　　　　　金黄色纵带，幼鱼体侧具 5 条暗色横带。

生活习性：中上层外海暖水性洄游鱼类，栖息于岩礁质的海区，有南北间作季
　　　　　节性洄游的现象。适温为 20～30℃，适宜的盐度范围为 28～36。
　　　　　摄食甲壳类、头足类和小鱼。

20 军曹鱼

学　名：*Rachycentron canadum*（Linnaeus，1766）
英文名：Cobia
俗　名：海竺鱼、海鲡、海龙鱼、锡蜡白、竹五、海于草

■增殖放流适宜区域：海水物种，南海
■增殖放流功能定位：渔民增收、种群修复

分　　类：鲈形目、军曹鱼科、军曹鱼属。

分　　布：黄渤海、东海及南海均有分布。

常见个体：体长 100～130cm。

形态特征：体形圆扁，头平扁而宽；口大，前位，微倾斜，近水平而宽阔；吻
中等大。鱼体表、颊部、鳃益上缘、头顶部、鳍基部均被小圆鳞。
鱼体背面为黑褐色，腹部为灰白色，体侧沿背鳍基部有一黑色纵
带，自吻端经眼而达尾鳍基部。

生活习性：热带海水鱼类，不耐低温。水温 23～29℃时，生长最迅速。适宜
盐度 8～35。以摄食底层性的水生生物为主，性凶猛。随着成长，
身上花纹会变淡，且转为掠食性，以食鱼为主。

学　名：*Argyrosomus argentatus*（Houttuyn，1782）
英文名：Sliver croaker
俗　名：白姑子、白米子、白眼鱼、白鳖子、白果子、白梅、
　　　　白花鱼

白姑鱼 21

分　　类：鲈形目、石首鱼科、白姑鱼属。

分　　布：我国沿海均产。

常见个体：体长 12～26cm。

形态特征：体呈椭圆形，上颌与下颌等长，上颌牙细小，排列成带状向后弯
　　　　　曲，下颌牙两行，内侧牙较大、锥形，排列稀疏，额部无颜须，鳞
　　　　　片大而疏松，体侧灰褐色，腹部灰白色。尾鳍楔形，胸鳍及尾鳍均
　　　　　呈淡黄色。

生活习性：暖温性中下层鱼类，一般栖息于水深 40～100m 的泥沙质海区，生
　　　　　殖季节结群向近海洄游。以底栖动物为食，如长尾类、短尾类、虾
　　　　　姑及小鱼等。

22 黄姑鱼

学　名：*Nibea albiflora*（Richardson，1846）

英文名：Yellow drum

俗　名：罗鱼、铜罗鱼、花蜮鱼、黄婆鸡、黄姑子、黄鲞、春水鱼

■增殖放流适宜区域：海水物种，黄海、东海、渤海

■增殖放流功能定位：渔民增收、生物种群修复

分　　类：鲈形目、石首鱼科、黄姑鱼属。

分　　布：南海、东海及黄海南部均有分布。

常见个体：体长 20～31cm。

形态特征：体延长，侧扁，无骸须也无犬牙，上颌牙细小，下颌内行牙较大。体背部浅灰色，两侧浅黄色，胸、腹及臀鳍基部带红色，有多条黑褐色波状细纹斜向前方。尾鳍呈楔形。头钝尖，吻短钝、微突出。

生活习性：暖水性中下层鱼，栖息于温带海洋较浅沿岸沙泥质底部，深度25～80m。有明显的季节性洄游，生殖期游向近岸水深 4～9m 处产卵。主要以底栖小型甲壳类及小鱼等为食。

学　名：*Collichthys lucidus*（Richardson，1844）

英文名：Spinyhead croaker

俗　名：梅童、黄皮狮头鱼、黄皮、梅子、馒头
　　　　鱼（上海）、大头梅、梅头鱼（浙江）

棘头梅童鱼

23

分　　类：鲈形目、石首鱼科、梅童鱼属。

分　　布：我国近海均有分布，主要分布在黄海和东海，常见于长江口海域。

常见个体：体长 9～14cm。

形态特征：体延长，侧扁。头大而钝短，枕骨棘棱光滑，无锯齿。吻短钝，眼
　　　　　小且无眼睑，口裂倾斜度大。鳃耙细长，最长鳃耙大于鳃丝之长，
　　　　　有假鳃。体背侧灰黄色，腹侧金黄色，背鳍鳍棘部边缘及尾鳍末端
　　　　　黑色，各鳍淡黄色。

生活习性：暖水性近海底栖小型鱼类，栖息在水深 20m 左右泥沙底质近海中
　　　　　下层。以小甲壳类等底栖动物为食。群聚性较弱。

24 黑鳃梅童鱼

学　名：*Collichthys niveatus*（Jordan et Starks，1906）

英文名：Bighead croaker

俗　名：大棘头、梅同、大头仔、丁珠、梅子、大头宝、黄皮、吉头、蒙头

分　　类：鲈形目、石首鱼科、梅童鱼属。

分　　布：我国近海均有分布，主要分布在渤海。

常见个体：体长 7.5～10cm。

形态特征：体侧扁，尾柄细长，头大而钝圆，头部约占全身 1/3，口裂大而斜。前鳃盖骨边缘有细锯齿、背鳍棘部与鳍条部间有一凹刻，棘较细弱，尾鳍尖形。体上部金黄色或灰褐色，下腹侧金黄色，腹部呈白色。

生活习性：近海小型鱼类，喜栖息于近海港湾沙泥底质海域，不作长距离洄游。每年的 4～6 月和 9～10 月为渔汛旺季。

学　　名：*Miichthys miiuy*（Basilewsky，1855）
英文名：Miiuy croaker，brown croaker
俗　　名：敏鱼、米鱼、敏子、鳘鱼、毛常鱼、米古

鮸 25

■ 增殖放流适宜区域：海水物种，东海
■ 增殖放流功能定位：渔民增收、生物种群修复

分　　类：鲈形目、石首鱼科、鮸属。

分　　布：渤海、黄海及东海均有分布。

常见个体：成鱼体长 45～55cm。

形态特征：体延长而侧扁，口大而微斜。颏孔 4 个，无颏须。口腔内为鲜黄色。下颌外行牙和下颌内行牙扩大，呈犬牙状，尤以前端 2 枚最大。头尖长，口大，牙尖锐。尾矛状。体呈蓝灰褐色，腹部灰白色。

生活习性：暖温性底层海鱼，栖息于水深 15～70m、底质为泥或泥沙海区，不集成大群。小区域性洄游，产卵季节鱼群相对集中。属捕食性鱼类，以小型鱼类、头足类和十足类为食。

26 大黄鱼

学　名：*Larimichthys crocea*（Richardson，1846）

英文名：Large yellow croaker

俗　名：黄花鱼、黄瓜鱼、红瓜、黄姑娘

■已建立国家级水产种质资源保护区 3 处

■增殖放流适宜区域：海水物种，黄海、东海、南海

　增殖放流功能定位：渔民增收、生物种群修复

分　　类：鲈形目、石首鱼科、黄鱼属。

分　　布：东海、黄海和南海均有分布。

常见个体：体长 30～40cm。

形态特征：体延长，侧扁。尾柄细长，其长为其高的 3 倍多。头大而侧扁，背侧中央枕骨崤不明显。臀鳍第二鳍棘等于或大于眼径；鳞较小，背鳍于侧线间有鳞 8～9 行；脊椎骨一般为 26 个。

生活习性：暖温性近海集群洄游鱼类，主要栖息于 60m 以内的沿岸和近海水域的中下层。产卵鱼群怕强光，喜逆流，好透明度较小的混浊水域。主要摄食各种小型鱼类及甲壳动物。

学　名：*Larimichthys polyactis*（Bleeker，1877）
英文名：Yellow croaker
俗　名：黄花鱼、小鲜、大眼、花鱼、小黄瓜、小春鱼、金龙

小黄鱼 27

■已建立国家级水产种质资源保护区 3 处

分　　类：鲈形目、石首鱼科、黄鱼属。
分　　布：渤海、黄海和东海均有分布。
常见个体：体长 16～25cm。
形态特征：外形与大黄鱼极相似，但体型较小，尾柄短，其长为其高的 2 倍
　　　　　多。背侧黄褐色，腹侧金黄色。臀鳍第二鳍棘长小于眼径。鳞较
　　　　　大，再背鳍与侧线间具鳞 5～6 行。脊椎骨一般为 29 个。
生活习性：近海底结群性洄游鱼类，喜生活在海水比较清澈的泥质或泥沙质底
　　　　　层，有明显的垂直移动习性，主要以虾类和一些小型鱼类为食。

28 红笛鲷

学　名：*Lutjanus sanguineus*（Cuvier，1828）
英文名：Blood-red snapper
俗　名：红鸡鱼、红鱼、红曹鱼

■已建立国家级水产种质资源保护区 1 处
■增殖放流适宜区域：海水物种，南海
　增殖放流功能定位：渔民增收、种群修复

分　　类：鲈形目、笛鲷科、笛鲷属。

分　　布：南海和东海南部均有分布。

常见个体：体长 20～40cm。

形态特征：体长呈椭圆形，稍侧扁，头较大，眼间隔宽而凸起，前鳃盖骨后缘
　　　　　具一宽而浅的缺口。体被中大栉鳞，侧线完全与背缘平行。背鳍 2
　　　　　个并连，后缘圆。尾鳍浅凹形，尾柄上缘有一暗色鞍状斑点。体为
　　　　　深红色，腹部较浅。

生活习性：暖水性中下层鱼类。栖息于水深 30～100m 泥沙或岩礁底质海区。
　　　　　集群生殖。

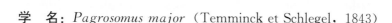
学　名：*Pagrosomus major*（Temminck et Schlegel，1843）

英文名：Genuine porgy

俗　名：加吉鱼、红加吉、铜盆鱼、大头鱼、小红鳞鱼、加腊、
　　　　赤鲫、赤板、红鲷、红带鲷、红鳍、红立

 真鲷  29

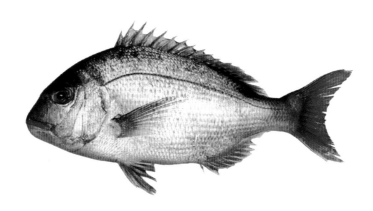

▨已建立国家级水产种质资源保护区 1 处

■增殖放流适宜区域：海水物种，黄海、东海、南海、渤海

　增殖放流功能定位：渔民增收、种群修复

分　　类：鲈形目、鲷科、真鲷属。

分　　布：我国近海均产。

常见个体：体长 12～28cm。

形态特征：体侧扁，呈长椭圆形，背鳍鳍棘不延长呈丝状。全身呈淡红色，体侧背部散布着鲜艳的蓝色斑点。尾鳍后缘为墨绿色，背鳍基部有白色斑点。头大，口小、左右额骨愈合成一块，前部为颗粒状，后渐增大为臼齿，前鳃盖骨后半部具鳞。

生活习性：近海暖水性小型珊瑚礁底层鱼类。栖息于水质清澈、藻类丛生的岩礁海区，生殖洄游。适温范围为 9～30℃，适宜盐度为 17～31。主要以底栖甲壳类、软体动物、棘皮动物、小鱼及虾蟹类为食。

30 二长棘鲷

学　名：*Parargyrops edita*（Tanaka，1916）

英文名：Crimson seabream

俗　名：红立国、立鱼、立花、生仔、板立、长旗

■已建立国家级水产种质资源保护区 1 处

分　　类：鲈形目、鲷科、二长棘鲷属。

分　　布：我国产于南海和东海南部，主要产地在北部湾及雷州半岛。

常见个体：体长 13～23cm。

形态特征：体侧扁，背缘狭窄，弓状弯曲度。背鳍连续，背部鲜红色，腹部较淡，胸鳍及腹鳍色较浅，体侧有若干蓝色纵带，侧线明显、微弯。背鳍、臀鳍金黄色。

生活习性：暖水性底层鱼类，一般栖息于底质为泥沙、沙砾、岩礁或贝藻丛生的海区，以水深 60m 以内海区较集中。成鱼摄食虾、蟹、端足类、多毛类和蛇尾类等。

学　名：*Sparus macrocephalus*（Basilewsky，1855）

英文名：Black seabream，Black porgy

俗　名：海鲋、青鳞加吉、青郎、乌颊、乌翅、黑加吉、黑立

黑鲷 **31**

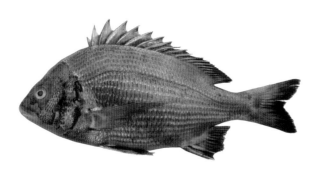

▓增殖放流功能定位：渔民增收、种群修复

▓增殖放流适宜区域：黄海、东海、南海、渤海

分　　类：鲈形目、鲷科、鲷属。

分　　布：我国沿海均产之，以黄、渤海产量较多。

常见个体：体长 15～31cm。

形态特征：体呈长椭圆形、侧扁，头大，上下颌两颌前部各有 3 对门状犬齿，
其后为很发达的臼齿。臀鳍以第二棘最大。全身青灰色掺杂黄色。
体侧具若干条褐色纵纹，腹鳍和臀鳍暗黑色。

生活习性：广温、广盐性底层鱼类，喜在岩礁和沙泥底质的清水环境中生活。
生存盐度为 4.09～35.0，生存温度为 4.3～34.0℃。肉食性，成鱼
以贝类和小鱼虾为主要食物。

32 金线鱼

学　　名：*Nemipterus virgatus*（Houttuyn，1782）

英文名：Golden threadfin bream

俗　　名：红衫、红哥鲤、吊三、拖三、瓜三、黄肚

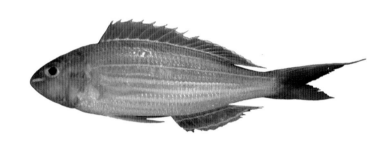

分　　类：鲈形目、金线鱼科、金线鱼属。

分　　布：南海、东海和黄海南部均产之，其中南海产量较多。

常见个体：体长 19～31cm。

形态特征：体延长，侧扁，上颌前端有 8 颗较大的圆锥形齿。全体呈深红色，腹部较淡，体两侧有 6 条明显的黄色纵带。背鳍长，尾鳍叉形，背鳍中下部有一条黄色纵带，臀鳍中部有 2 条黄色纵带。

生活习性：暖温性近海底层鱼类，以肉食为主，喜群居，常在山石缝隙或岩洞中栖息作窝。胆小多疑，警觉性很高，一点动静整个鱼群迅即全部分散。

学　名：*Ammodytes personatus*（Girard，1856）

英文名：Pacific sandlance

俗　名：太平洋玉筋鱼、沙里钻、面条鱼

玉筋鱼 33

分　　类：鲈形目、玉筋鱼科、玉筋鱼属。

分　　布：黄海、渤海均有分布。

常见个体：体长 6.5～12cm。

形态特征：体细长，稍扁，近圆柱状。口大，有犬齿；下颌缝合处有一肉质突
　　　　　起，两颌无牙。体侧具若干斜的皮褶，腹部底侧有一条纵褶，自鳃
　　　　　盖下方直达尾鳍基。半透明，背鳍长，无腹鳍。

生活习性：冷温性小鱼，喜栖息于沙底质海区，有钻沙的习性，白天结群游
　　　　　泳，夜晚感到危险时，便迅速躲入沙地中，以浮游生物为食。春季
　　　　　游向近岸，夏季进入夏眠期停止成长。

34 带鱼

学　名：*Trichiurus lepturus*（Linnaeus，1758）
英文名：Hairtail
俗　名：高鳍带鱼、白带鱼

■已建立国家级水产种质资源保护区 2 处

分　　类：鲈形目、带鱼科、带鱼属。

分　　布：我国沿海均有分布，其中又以东海产量最高。

常见个体：体长 60～120cm。

形态特征：体形如其名，侧扁如带，呈银灰色，背鳍及胸鳍浅灰色，带有很细小的斑点，尾暗色。头尖口大，到尾部逐渐变细，好像一根细鞭，头长为身高的 2 倍。牙齿发达且尖利，背鳍很长、胸鳍小，鳞片退化。

生活习性：温暖性集群洄游鱼类，喜弱光，有昼夜垂直移动的习惯，白天群栖息于中、下水层，晚间上升到表层活动。凶猛、肉食性，捕食毛虾、乌贼及其他鱼类；食性杂且贪吃，有时会同类相残。

学　名：*Scomber japonicus*（Houttuyn，1782）

英文名：Chub mackerel

俗　名：鲐、鲐巴鱼、鲭、青占、花鲱、巴浪、油胴鱼、花池
　　　　鱼、花巴、花鲲

分　　类：鲈形目、鲭科、鲭属。

分　　布：我国近海均产。

常见个体：体长 25～47cm。

形态特征：体粗壮微扁，纺锤形。头大、前端细尖似圆锥形。尾鳍基部有 2 条
　　　　　隆起嵴。体背青黑色或深蓝色，体两侧胸鳍水平线以上有不规则的
　　　　　深蓝色虫蚀纹；胸鳍浅黑色，臀鳍浅粉红色，其他各鳍为淡黄色。

生活习性：远洋暖水性中上层鱼类。游泳力强，能作远距离洄游，有趋光性。
　　　　　食性广，摄食桡足类、虾类、头足类及小鱼等。

36 蓝点马鲛

学　名：*Scomberomorus niphonius*（Cuvier，1832）

英文名：Japanese spanish mackerel

俗　名：沙丁鱼马鲛、鲅

■已建立国家级水产种质资源保护区4处

■增殖放流适宜区域：海水物种，东海、黄海

■增殖放流功能定位：种群修复

分　　类：鲈形目、鲭科、马鲛属。

分　　布：东海、黄海、南海均有分布。

常见个体：体长25～50cm。

形态特征：体延长，侧扁，体高小于头长。前端钝尖，上、下颌约等长，两颌齿尖而强，侧扁。头及体背侧黑蓝色，腹部银灰色。腹侧大部光滑无鳞，侧线上下有许多黑色斑点。

生活习性：暖温性中上层鱼类，性凶猛，行动敏捷，成群捕食小型鱼类，也食小虾。常于清晨、黄昏和月亮初起或月落时起浮。每年春初，由深海向沿海港湾作生殖洄游。

学　　名：*Pampus argenteus*（Euphrasen，1788）
英文名：Silver pomfret
俗　　名：平鱼、白鲳、长林、鲳、镜鱼、草鲳、鲳扁鱼

银鲳 37

■已建立国家级水产种质资源保护区 3 处
■增殖放流适宜区域：海水物种，东海、黄海南部
增殖放流功能定位：种群修复

分　　类：鲈形目、鲳科、鲳属。

分　　布：我国沿海均产。

常见个体：体长 25～30cm。

形态特征：头较小，体短而高，极侧扁，略呈卵圆形，体被小圆鳞，易脱落，侧线完全。口小微斜，无腹鳍。尾鳍分叉颇深，下叶较上叶长，似燕尾。体银白色，上部微呈黄灰。全身密布黑色细小斑点。

生活习性：近海暖温性中、下层鱼类，栖息于水深 30～70m 的海区，喜在阴影中集群，早晨、黄昏时在水的中上层。肉食性，以水母及浮游动物为主。有季节洄游现象。

38 灰鲳

学　　名：*Pampus cinereus*（Bloch，1795）
英文名：Silver butter-fish
俗　　名：长林

■已建立国家级水产种质资源保护区 2 处

分　　类：鲈形目、鲳科、鲳属。

分　　布：东海、南海均有分布。

常见个体：体长 28～33cm。

形态特征：体呈菱形，背、腹缘弧形隆起。很侧扁。背鳍和臀鳍显著延长，尾鳍分叉，下叶延长。背部青灰色，腹部灰白色，皆具银灰色光泽。头较小，吻短而圆钝。口小、斜裂，上颌略突出。

生活习性：近海洄游性中下层鱼类。栖息于水深 30～70m 的海区。摄食水母、毛虾、磷虾、糠虾、桡足类等浮游甲壳动物。冬季在东南外海越冬，春季向闽东近海作生殖洄游，鱼群较分散。

学　名：*Platycephalus indicus*（Linnaeus，1758）

英文名：Flathead

俗　名：牛尾鱼、拐子鱼、百甲鱼、辫子鱼、狗腿鱼、竹甲、刀甲

鲬 39

分　　类：鲉形目、鲬科、鲬属。

分　　布：我国沿海均产。

常见个体：体长 20～35cm。

形态特征：体平扁，延长，向后渐狭小。上体黄褐色，具黑暗色斑点，腹面白色。背鳍具黑褐色小点数纵行；胸鳍灰黑色，密具暗褐色小斑；腹鳍浅褐色，具不规则小斑；尾鳍具灰黑色斑块；臀鳍浅灰色。

生活习性：暖水性近海底层鱼类，栖息于沿岸至水深 50m 的沙底浅海区域，行动缓慢，一般不结成大群，主食各种小型鱼类和甲壳动物等。

40 褐牙鲆

学　名：*Paralichthys olivaceus*（Temminck et Schlegel，1846）

英文名：Batard halibut

俗　名：牙鲆、牙片、偏口、比目鱼

■已建立国家级水产种质资源保护区 3 处
■增殖放流适宜区域：海水物种，渤海、黄海
　增殖放流功能定位：渔民增收、生物种群修复

分　　类：鲽形目、牙鲆科、牙鲆属。

分　　布：我国沿海均有分布，沿海重要养殖品种。

常见个体：体长 25～50cm，最重可达 5kg。

形态特征：体侧扁，呈长卵圆形。口大、斜裂，两颌等长，尾柄短而高。2 只眼睛均在头的左侧，眼球隆起。鳞小，有眼一侧被栉鳞，体呈深褐色并具暗色斑点；无眼一侧被圆鳞，体呈白色。胸鳍稍小；腹鳍基部短、左右对称；尾鳍后缘双截形、侧线明显。

生活习性：温水性近海底层鱼类，具有潜沙习性，它喜欢栖息在 40～50m 深的水域，产卵期会游向浅水地带，常在水深只有 1～2m 的浅水湾中有碎礁石底质的水区活动觅食。

学　名：*Cleisthenes herzensteini*（Schmidt，1904）
英文名：Pointhead plaice
俗　名：赫氏高眼鲽、高眼、长脖、偏口、片口、比目、地
　　　　鱼、扁鱼

高眼鲽 41

分　　类：鲽形目、鲽科、高眼鲽属。

分　　布：黄海和渤海分布较多，东海较少。

常见个体：体长 25～30cm。

形态特征：体长侧扁，眼大而突出，两眼均在头部右侧，上眼位于头背缘中线
　　　　　上，体呈黄褐色或深褐色、无斑纹。无眼一侧白色，被圆鳞。有眼
　　　　　侧大多被弱栉鳞，间或杂以圆鳞。尾柄狭长。口大，前位，左右对
　　　　　称。侧线几乎呈直线状。

生活习性：冷水性近海底层鱼类。常栖息于水深 60m 左右的泥河及泥底质海
　　　　　区。适温范围为 8～10℃。主要摄食小鱼，次为虾类、头足类、棘
　　　　　皮类和多毛类。

42 钝吻黄盖鲽

学　名：*Psedudopleuronectes yokohamae* (Günther, 1877)

英文名：Marbled flounder

俗　名：横滨黄盖、沙板、小嘴、田鸡鱼、扁鱼、冷水板、小高眼

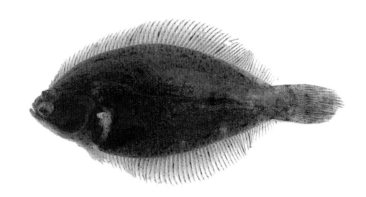

■■■已建立国家级水产种质资源保护区 1 处

■■增殖放流适宜区域：海水物种，渤海、黄海

增殖放流功能定位：渔民增收、种群修复

分　　类：鲽形目、鲽科、黄盖鲽属。

分　　布：黄海、渤海、东海均有分布。

常见个体：体长 12～24cm。

形态特征：体呈卵圆形，头小，口小，两侧口裂不等长。两眼小，均长在头右侧。有眼一侧为背面，呈深褐色，被栉鳞，有不规则的斑点；无眼一侧为腹面，呈白色，被圆鳞，仔鱼经变态后，左眼转至右侧。

生活习性：冷温性近海底层鱼类，生活在沙泥质海区，仔鱼经变态后转营底层生活。

学　名：*Cynoglossus semilaevis*（Günther，1873）

英文名：Tongue soles

俗　名：龙脷、鳎米、牛舌头

半滑舌鳎 43

▮已建立国家级水产种质资源保护区 2 处

▮增殖放流适宜区域：海水物种，渤海、黄海，以及东海北部

　增殖放流功能定位：渔民增收、种群修复

分　　类：鲽形目、舌鳎科、舌鳎属。

分　　布：黄海、渤海均有分布。

常见个体：体长 25～50cm。

形态特征：体背腹扁平，舌状。体表褐色或暗褐色，雌雄常见个体差异大。眼小，均在左侧。鳞小，背鳍及臀鳍与尾鳍相连续，鳍条均不分支，无胸鳍和鳔，仅有眼侧具腹鳍，以膜与臀鳍相连，尾鳍末端尖。

生活习性：暖温性近海中大型底层鱼类，栖息于泥砂质海底，摄食底栖无脊椎动物。集群性不强，行动缓慢。具广温、广盐和适应多变的环境条件的特点，适温范围 3.5～32℃，适盐范围 14～33。

44 绿鳍马面鲀

学　名：*Thamnaconus septentrionalis*（Günther，1874）
英文名：Drap filefish
俗　名：马面鱼、橡皮鱼、剥皮鱼

分　　类：鲀形目、单角鲀科、马面鲀属。

分　　布：东海、黄海及渤海均有分布。

常见个体：一般体长 18～22cm。

形态特征：体侧扁，长椭圆形，全身呈蓝黑色，体侧具不规则的暗色斑块。第二背鳍、臀鳍、尾鳍和胸鳍呈绿色。头短，口小，牙门齿状。眼小、位高、近背缘。鳃孔小，位于眼下方。鳞细小，绒毛状。

生活习性：外海暖温性鱼类，栖息于水深 50～120m 的海区。适温范围一般在13～20℃，适盐度在 34 以上。喜集群，在越冬及产卵期间有明显的昼夜垂直移动现象，杂食性，主要摄食桡足类、介型类、端足类等浮游生物。

学　　名：*Thamnaconus hypargyreus*（Cope，1871）

英文名：Lesser-spotted leatherjacket

俗　　名：羊鱼、迪仔、沙猛、羊仔、剥皮牛、孜
孜鱼

黄鳍马面鲀 45

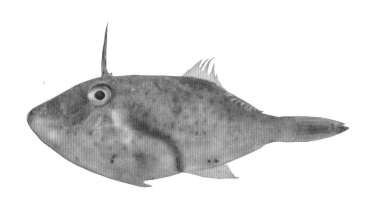

分　　类：鲀形目、单角鲀科、马面鲀属。

分　　布：南海产量较多。

常见个体：体长 9～11cm。

形态特征：体长椭圆形，侧扁。第一背鳍的第一鳍棘很粗大，胸鳍侧位，小刀
状。左右腹鳍退化，只剩下一个短棘不能活动。尾柄细，尾鳍后缘
圆形。除吻前缘外，头、体全部被小鳞，并有细短绒状小刺，小刺
大部分排成横纹状。通体橘黄色，各鳍淡黄色。

生活习性：外海小型中下层鱼类，栖息水深可达 100m 以上，其他习性似绿鳍
马面鲀。

46 黄鮟鱇

学　名：*Lophius litulon*（Jordan，1902）

英文名：Yellow goosefish

俗　名：鮟鱇、哈蟆鱼、海蛤巴、结巴鱼、老头鱼

分　　类：鮟形目、鮟鱇科、黄鮟鱇属。

分　　布：东海北部以及黄海和渤海均有分布。

常见个体：体长 40～60cm。

形态特征：体前半部平扁呈圆盘形，尾部柱形，头特别大而平扁，口宽大，口内有黑白斑纹。体柔软、无鳞，背面褐色，腹面灰白色。头及全身边缘有许多皮质突起。背鳍前部有 6 根相互分离的鳍棘，各鳍均为深褐色。

生活习性：近海冷温性底层鱼类，生活在温带 500～1 000m 的海底下。食量大，有时能摄食与其体重约相等的鱼、虾类。

学　名：*Coilia nasus*（Schlegel，1846）
英文名：Estuarine tapertail anchovy
俗　名：刀鱼、凤尾鱼、梅鲚、毛花鱼

刀鲚 47

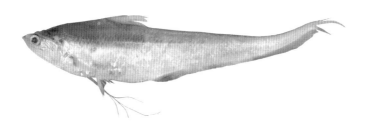

■已建立国家级水产种质资源保护区 3 处
■增殖放流适宜区域：濒危珍稀物种，黄海、渤海、东海以及长江、钱塘江等通海的江河
　增殖放流功能定位：保护生物多样性
　部分省市实施了刀鲚专项捕捞许可制度

分　　类：鲱形目、鳀科、鲚属。
分　　布：黄海、渤海和东海，通海江河的中下游及其附属湖泊均有分布。
常见个体：体长 15～25cm。
形态特征：体延长，侧扁而薄。眼较小，近吻端，眼间隔圆凸。体被圆鳞，无侧线。胸鳍上部有 6 根鳍条呈丝状游离，臀鳍基部极长，与尾鳍基部相连。体银白色，背侧具蓝色光泽。
生活习性：洄游性小型鱼类，繁殖季节结群由海入江，进行生殖洄游。以小鱼虾为食。

48 凤鲚

学　名：*Coilia mystus*（Linnaeus，1758）

英文名：Tapertail anchovy

俗　名：考子鱼、籽鱼、烤子鱼、凤尾鱼

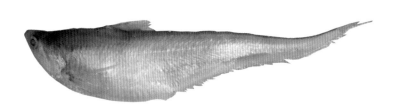

■部分省市实施了凤鲚专项捕捞许可制度

分　　类：鲱形目、鳀科、鲚属。

分　　布：长江、珠江、闽江等江河口均有分布。

常见个体：体长 12～18cm。

形态特征：体延长，侧扁，背缘平直，腹缘具锯齿状棱鳞。眼中大，近吻端，眼间隔圆凸。体被圆鳞，薄而易脱落。背鳍青灰，腹侧银白色，鳃孔后缘和各鳍基部呈金黄色。臀鳍灰色，边缘黑色。唇及鳃盖膜橘红色。

生活习性：河口性洄游鱼类，平时栖息于浅海，每年春季，大量鱼类从海中洄游全江河口半咸淡水区域产卵。

学　名：*Takifugu rubripes*（Temminck et Schlegel，1850)

英文名：Tiger puffer

俗　名：黑艇鲅、黑腊头、河鲀、龟鱼

红鳍东方鲀

49

■增殖放流适宜区域：海水物种，黄海、渤海

■增殖放流功能定位：渔民增收、种群修复

分　　类：鲀形目、鲀科、东方鲀属。

分　　布：黄海、渤海均有分布。

常见个体：体长 35~40cm。

形态特征：体亚圆筒形，体侧下方有一纵行皮褶，体具小刺或光滑无刺。侧线发达，上侧位，至尾部下弯于尾柄中央，侧线具分支多条。体侧皮皱发达。鳔卵圆形或椭圆形，具气囊。鳃盖膜白色。头部与体背、腹面均被强小刺，背刺区与腹刺区分离。

生活习性：底层鱼类，栖息在近海及咸淡水中，有时进入江河。适温范围为 14~27℃，适盐范围为 5~45。肉食性鱼类，主要以软体动物为食。体内含有强毒。

50　假睛东方鲀

学　名：*Takifugu pseudommus*（Chu，1935）
英文名：Eyespot puffer
俗　名：黑艇巴、中华东方鲀、黑蜡头

分　　类：鲀形目、鲀科、东方鲀属。

分　　布：东海、黄海、渤海均有分布。

常见个体：体长 20～28cm，最长可达 50cm。

形态特征：体亚圆筒形，背面和腹面被小刺。吻圆钝。上下颌各具 2 个喙状牙板。体侧皮褶发达。背面黑灰色，散布小斑，随生长模糊。体侧胸鳍后上方具 1 圆形大黑斑，边缘白色，胸斑后方无黑色斑纹，臀鳍部分或全部黑色。

生活习性：暖温性下层有毒鱼类，为沿岸近海底层食肉性杂鱼，主食虾、蟹，也食乌贼、贝类及鱼类。有溯江特性。

学　名：*Takifugu fasciatus*（McClelland，1844）

英文名：Obscura puffer

俗　名：河鲀、气泡鱼

暗纹东方鲀

51

■已建立国家级水产种质资源保护区 1 处

■增殖放流适宜区域：海水物种，东海、黄海及长江中下游

　增殖放流功能定位：种群修复

分　　类：鲀形目、鲀科、东方鲀属。

分　　布：分布于东海、黄海及通海的江河下游。

常见个体：体长 18～30cm。

形态特征：体近圆形，头部及体背、腹面均被小刺。吻部、体侧和尾柄等处皮肤裸露、光滑。背部有数条浅色条纹，在胸鳍后上方体侧有 1 个镶有模糊白边的黑色圆形大斑。

生活习性：海淡水洄游性鱼类，春季亲鱼由海逆河产卵，幼鱼在江河或通江的湖泊中肥育，第二年春季入海。性凶残而胆小。在遇到敌害或受惊吓时，吸入空气和水，使胸腹部膨大如球，表皮小刺竖立，浮于水面装死。以摄食水生无脊动物为主，兼食其他植物饵料。

| 52 | 日本鳗鲡 |

学　名：*Anguilla japonica*（Temminck et Schlegel, 1846）

英文名：Japanese eel

俗　名：河鳗、白鳝

■已建立国家级水产种质资源保护区2处

■部分省市实施了日本鳗鲡专项捕捞许可制度

分　　类：鳗鲡目、鳗鲡科、鳗鲡属。

分　　布：我国沿岸及各江口均产。

常见个体：体长30～45cm。

形态特征：体细长如蛇，全长1.5m，前部近圆筒状，后部稍侧扁。头尖，眼小，吻部平扁，口大，唇厚，下颌稍长于上颌。鳞小，埋于皮下。黏液腺发达，体表光滑。体背呈暗绿色，腹侧为白色，胸鳍短。

生活习性：降河性洄游鱼类，能用皮肤呼吸，适温范围15～30℃，平时栖息于江河、湖泊、水库和静水池塘的土穴、石缝里，喜暗怕光，以小鱼、蟹、虾、甲壳动物、水生昆虫及动物腐败尸体为食。

学　名：*Oncorhynchus keta*（Walbaum，1792）
英文名：Chum salmon
俗　名：大发哈鱼、达发哈鱼、果多鱼、罗锅鱼、孤东鱼

大麻哈鱼 53

■已建立国家级水产种质资源保护区 4 处
■增殖放流适宜区域：淡水区域种，黑龙江水系、图们江、绥芬河
　增殖放流功能定位：恢复种群

分　　类：鲑形目、鲑科、大麻哈鱼属。

分　　布：以乌苏里江、黑龙江、松花江产量为最多。

常见个体：体长 60cm 左右。

形态特征：体延长而侧扁，吻端突出，微弯，形似鸟喙，上下吻端相向弯曲如
　　　　　钳形而不能吻合。体色变化较大，腹部银白色，两侧有 10～12 条
　　　　　橙红婚姻色斑纹。眼小，鳞也细小，作覆瓦状排列。尾鳍深叉形。

生活习性：冷水性溯河产卵洄游鱼类，栖息于北太平洋肥育、生长，性凶猛，
　　　　　为肉食性鱼，在海洋中主要以玉筋鱼和鲱等小型鱼类为食，洄游期
　　　　　间不摄食，依靠体内储存的营养物质维持生命。

54 花羔红点鲑

学　名：*Salvelinus malma*（Walbaum，1792）
英文名：Red spotted tront
俗　名：花里羔子

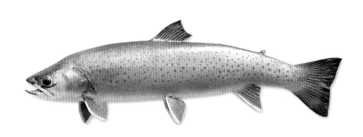

■已建立国家级水产种质资源保护区 2 处
■增殖放流功能定位：保护生物多样性
■增殖放流适宜区域：珍稀濒危物种，鸭绿江、图们江

分　　类：鲑形目、鲑科、鲑属。
分　　布：黑龙江、图们江、绥芬河和鸭绿江均产。
常见个体：体长 30～45cm。
形态特征：口下位，口裂较大，呈弧形。上、下颌均具成行细齿，犁骨齿稀疏，不与腭骨齿相连；舌面亦有少数细齿。体鳞细小。雄性个体头部较尖。背上有黄点，体侧有淡红色点。
生活习性：我国境内为陆封型，终身生活于江河干流及支流清冷水域。食性广，以底栖动物及落入水面的昆虫为主，有时甚全跳出水面掠食。

学　名：*Coregonus ussuriensis*（Berg，1906）

英文名：Ussuri cisco

俗　名：雅巴沙、兔子鱼、白鱼、大眼白

乌苏里白鲑 55

■已建立国家级水产种质资源保护区 1 处

分　　类：鲑形目、鲑科、白鲑属。

分　　布：乌苏里江、黑龙江、松花江和兴凯湖等水域均产。

常见个体：体长 32~48cm。

形态特征：体长，椭圆形，略侧扁，体高大于头长；头较小。吻短，约与眼径相等。口端位，口裂小；上颌骨宽大。眼无脂眼睑，上下颌、犁骨、腭骨和舌上均无齿。各鳍均小；尾鳍分叉较深。尾柄短。体背部灰绿色，体侧和腹部银白色。

生活习性：北方冷水性鱼类，喜栖息于沙砾或砾底质、水温较低的平原区河流或山涧溪流中。适温范围 1~20℃，有明显的季节性迁徙。属肉食性鱼类，主要摄食小型鱼类、甲壳类、水生昆虫等。

56 太湖新银鱼

学　名：*Neosalanx taihuensis*（Chen，1954）
英文名：Taihu lake icefish
俗　名：小银鱼

■已建立国家级水产种质资源保护区 1 处

分　　类：鲑形目、银鱼科、新银鱼属。

分　　布：长江中、下游的附属湖泊中均产，尤以太湖所产最为著名。

常见个体：体长 6～8cm。

形态特征：体小，近圆筒形，细长。背鳍后方有一小而透明的脂鳍。体无鳞，雄鱼臀鳍基部两侧各有一排较大的鳞片。各鳍较透明，无色，体侧每边沿腹面各有一行黑色素小点。

生活习性：纯淡水的种类，终生生活于淡水湖泊内，浮游在水的中、下层，以浮游动物为主食，也食少量的小虾和鱼苗。

学　名：*Protosalanx chinensis*（Basilewshy，1855）

英文名：Silver fish

俗　名：面条鱼、面丈鱼、泥鱼

大银鱼 57

■已建立国家级水产种质资源保护区 2 处

分　　类：鲑形目、银鱼科、大银鱼属。

分　　布：黄海、渤海和东海沿岸水域。

常见个体：体长 12～15cm。

形态特征：在银鱼科中体型相对较粗大，体细长，头部上下扁平。吻尖，呈三角形。腭骨齿每侧 2 行，舌具齿。体透明，两侧腹面各有一行黑色色素点。性成熟时雄鱼臀鳍呈扇形，基部有一列鳞片。

生活习性：广盐性、中上层适低温的鱼类，常栖息于各近岸河口水域，属洄游性鱼类，也能在湖泊、水库中定居。以浮游动物、小鱼小虾为食。

58 黑斑狗鱼

学　名：*Esox reichertii*（Dybowski，1869）
英文名：Amur pike
俗　名：黑龙江狗鱼、狗鱼、鸭鱼、鸭子鱼、河狗

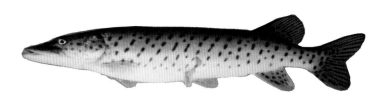

■已建立国家级水产种质资源保护区 3 处
■增殖放流适宜区域：淡水区域种，黑龙江水系、绥芬河
　增殖放流功能定位：保护特有鱼类

分　　类：鲑形目、狗鱼科、狗鱼属。
分　　布：黑龙江水系的江河湖泊处均产。
常见个体：体长 60cm 左右。
形态特征：体延长，头前部扁平，吻似鸭嘴。口大，前颌骨、下颌骨、犁骨、
　　　　　腭骨及舌的齿锋利。背鳍后移，与臀鳍相对。体背青铜色，腹部白
　　　　　色，体侧具有黑色斑点，但常因栖息环境不同而有新变化。
生活习性：喜栖息于水温较低的江河缓流和水草丛生的沿岸带。成鱼性凶猛，
　　　　　肉食性，吃鱼、虾和水禽的幼鸟等。其行动异常迅速、敏捷，速度
　　　　　达 8km/h 以上。

学　名：*Esox lucius*（Linnaeus，1758）
英文名：Northern pike
俗　名：狗鱼、鸭鱼、河狗

白斑狗鱼 59

■已建立国家级水产种质资源保护区 1 处

■增殖放流适宜区域：淡水区域种，额尔齐斯河流域

　增殖放流功能定位：保护特有鱼类

分　　类：鲑形目、狗鱼科、狗鱼属。

分　　布：新疆北部额尔齐斯河流域均产。

常见个体：体长 55cm 左右，最大体重可达 40kg。

形态特征：体长而稍侧扁，吻长而扁平，似鸭嘴状。口宽大，口长为头长的
　　　　　1/2。背侧黄褐色，有黑色细纵纹，体侧有许多淡蓝色斑或白色
　　　　　斑，腹部白色，鳍黄而微红。

生活习性：生活于寒冷地区水域，为冷水性鱼类，适温范围 0～30℃。幼鱼集
　　　　　群活动，成鱼分散觅食，行动迅速敏捷，常活动于水草丛中。捕
　　　　　食其他鱼类。饵料不足时会自相残食，为大型凶猛肉食性鱼类。

60 青鱼

学　名：*Mylopharyngodon piceus*（Richardson，1846）
英文名：Black carp
俗　名：鲩、青鲩、螺丝青、黑鲩、青混、乌青、青棒

■已建立国家级水产种质资源保护区 10 处
■增殖放流适宜区域：淡水广布种，除海南岛、西北内流区、西南跨国诸河流域、青藏高原等部分区域外的大部分水系，主要分布于江淮以南平原地区
■增殖放流功能定位：渔民增收、恢复种群

分　　类：鲤形目、鲤科、青鱼属。

分　　布：我国各大水系均有分布。

常见个体：一般体长 20～35cm。

形态特征：体长，略呈圆筒形，尾部侧扁，腹部圆，无腹棱。头部稍平扁，尾部侧扁。口端位，呈弧形。上颌稍长于下颌。无须。体背及体侧上半部青黑色，腹部灰白色，各鳍均呈灰黑色。

生活习性：中下层大型淡水鱼类，习性不活泼，生长迅速，常见个体较大，繁殖与生长的最适温度范围为 22～28℃。喜微碱性清瘦水质。食物以螺蛳、蚌、蚬、蛤等为主，亦捕食虾和昆虫幼虫。

学　　名：*Ctenopharyngodon idellus*（Valenciennes，1844）
英文名：Grass carp
俗　　名：鲩、油鲩、草鲩、白鲩、草根（东北）、混子

草鱼 61

■已建立国家级水产种质资源保护区 11 处

■增殖放流适宜区域：淡水广布种，除海南岛、西北内流区、西南
　跨国诸河流域、青藏高原等部分区域外的大部分水系
　增殖放流功能定位：渔民增收、生物净水

分　　类：鲤形目、鲤科、草鱼属。

分　　布：广泛分布于我国广东至东北的平原地区。

常见个体：体长 25～30cm。

形态特征：体略呈圆筒形，腹部无棱，头部稍平扁，尾部侧扁；口呈弧形，无
　　　　　须；上颌略长于下颌；体呈浅茶黄色，背部青灰，腹部灰白，胸、
　　　　　腹鳍略带灰黄，其他各鳍浅灰色。

生活习性：一般喜栖居于江河、湖泊等水域的中、下层和近岸多水草区域，为
　　　　　典型的草食性鱼类。性活泼，游泳迅速，常成群觅食。在干流或湖
　　　　　泊的深水处越冬。生殖季节亲鱼有溯游习性。

62 赤眼鳟

学　名：*Squaliobarbus curriculus*（Richardson，1846）

英文名：Barble chub

俗　名：红眼鱼、赤眼鲮、参鱼

■已建立国家级水产种质资源保护区 6 处

■增殖放流适宜区域：淡水广布种，除新疆、西南跨国诸河流域、青藏高原及内蒙古内流区等部分区域外的大部分水系

▓增殖放流功能定位：生物净水

分　　类：鲤形目、鲤科、赤眼鳟属。

分　　布：我国除青藏高原外，各大小江河及湖泊均产。

常见个体：体长 15～28cm。

形态特征：体延长，略呈圆筒形，腹圆，后端稍侧扁。头圆锥形，吻钝，口弧形。外形酷似草鱼，唯眼上半部具红色斑而得名。体背深灰色，腹部浅黄色，体侧及背部每个鳞片后缘有黑斑，组成体侧的纵列条纹。背鳍深灰色，其他各鳍灰白色。

生活习性：喜栖居于江河流速较缓的水域和湖泊，河水上涨时进入小河中，善跳跃，生殖期集群活动，是以水草为主的杂食性鱼类。

学　　名：*Culter alburnus*（Basilewsky，1855）
英文名：Topmouth culter
俗　　名：白鱼、鲌丝、翘嘴鲢、翘嘴巴、翘子

翘嘴鲌 63

■已建立国家级水产种质资源保护区 39 处
■增殖放流适宜区域：淡水广布种，除海南岛、西北内流区、西南跨国
　诸河流域、青藏高原等部分区域外的大部分水系
　增殖放流功能定位：渔民增收、恢复种群

分　　类：鲤形目、鲤科、鲌属。
分　　布：广泛分布于我国各大水系及其附属湖泊。
常见个体：体长 30～45cm。
形态特征：体长，甚侧扁，头背面平直，头后背部为隆起，体背部接近平直。
　　　　　口上位，下颌很厚，且向上翘，口裂几乎呈垂直。眼大，位于头的
　　　　　侧下方。下咽齿末端呈钩状。尾鳍分叉，下叶稍长于上叶。体背略
　　　　　呈青灰色，两侧银白色，各鳍灰黑色。
生活习性：中、上层凶猛肉食性鱼类，生活在流水及大型水体中，游泳迅速，
　　　　　善跳跃，成鱼主要以鱼类为食。

64 **鳡**

学　名：*Elopichthys bambusa*（Richardson，1845）
英文名：False salmon
俗　名：竿鱼、大口鳡、介鱼

■已建立国家级水产种质资源保护区 4 处

分　　类：鲤形目、鲤科、鳡属。

分　　布：全国各水系均产。

常见个体：体长 7～40cm。

形态特征：体修长，形如梭，头锥形。吻尖长，口前位，口裂大，吻长远超过吻宽。下颌前端有一尖硬的骨质突起，与上颌前端的凹陷相嵌合。眼小，无须，鳞小。体色微黄，腹银白色，背鳍、尾鳍青灰色，其余各鳍黄色。

生活习性：生活在江河、湖泊的中上层，游泳力极强，生长迅速，为大型凶猛性鱼类，以追捕鲢、鳙、鲤等鱼为食，在养殖中也被视为害鱼。

学　　名：*Megalobrama terminalis*（Richardson，1846）

英文名：Black amur bream

俗　　名：三角鳊、乌鳊

三角鲂 **65**

■已建立国家级水产种质资源保护区 3 处

■增殖放流适宜区域：淡水广布种，分布于黑龙江、鸭绿江、辽河、
黄河、淮河、长江中下游、钱塘江、闽江等水系

增殖放流功能定位：渔民增收、生物净水

分　　类：鲤形目、鲤科、鲂属。

分　　布：长江和黑龙江流域及广东等地。

常见个体：体长 10～25cm，最大可达 5kg。

形态特征：体高而侧扁，呈菱形，背鳍起点为体最高处，腹部在腹鳍基部至肛
门间有明显腹棱，尾柄较短。背鳍硬刺较长，长度大于头长。背部
青灰色，两侧浅灰色，腹部银白色，鳞片后部色素较深，各鳍亦呈
青灰色。

生活习性：生活于水体中、下层，尤喜栖息在多岩石的区域。冬季则群集于深
水区越冬。杂食，主食水生植物和淡水壳菜。

66 团头鲂

学　名：*Megalobrama amblycephala*（Yih，1955）

英文名：Bluntsnout bream

俗　名：武昌鱼、团头鳊、缩项鲂、平胸鳊

■已建立国家级水产种质资源保护区 3 处

■增殖放流适宜区域：淡水区域种，长江中、下游湖泊

　增殖放流功能定位：渔民增收

分　　类：鲤形目、鲤科、鲂属。

分　　布：长江中、下游附属中型湖泊均产。

常见个体：体长 15～28cm。

形态特征：体高，侧扁，呈菱形，头后背部隆起。体背部青灰色，两侧银灰色，体侧每个鳞片基部灰黑色，边缘黑色素稀少，常见体侧呈现出一行行紫黑色条纹，腹部银白色，各鳍条灰黑色。

生活习性：栖息于湖泊的中下水层，喜好淤泥底质且水草茂盛的静止区域。生长快，杂食性，幼鱼以甲壳类为食，成鱼以水生植物为食。

学　名：*Megalobrama hoffmanni*（Herre et Myers，1931）
英文名：Guangdong black bream
俗　名：花扁、真扁鱼、河鳊

广东鲂 **67**

▮已建立国家级水产种质资源保护区 3 处
▮增殖放流适宜区域：淡水区域种，珠江和海南岛水系
　增殖放流功能定位：渔民增收、恢复种群

分　　类：鲤形目、鲤科、鲂属。
分　　布：珠江水系及海南岛。
常见个体：体长 15～30cm，常见体重约 1kg。
形态特征：体高而侧扁，呈长菱形。自腹鳍基至肛门有明显的腹棱。头小、眼大、口小，上下颌角质层较薄，无须，侧线平直。背鳍刺光滑，长且粗壮，约与头长相等，臀鳍基部长。
生活习性：生活在水体中下层，尤喜栖息于江河底质多淤泥或石砾的缓流处。广温性鱼类，最佳生长水温范围为 18～25℃。杂食，成鱼主要摄食淡水壳菜、河蚬等软体动物，兼食高等水生植物。

68 **鲂**

学　名：*Parabramis pekinensis*（Basilewsky，1855）

英文名：White bream

俗　名：鳊、长身鳊、鳊花、草鳊

▓已建立国家级水产种质资源保护区 6 处

▓增殖放流适宜区域：淡水广布种，除西北内流区、西南跨国诸河流域、青藏高原等部分区域外的大部分水系

　增殖放流功能定位：渔民增收、生物净水

分　　类：鲤形目、鲤科、鳊属。

分　　布：我国各主要水系。

常见个体：体长 13～25cm。

形态特征：体侧扁，略呈菱形，自胸基部下方至肛门间有一明显的皮质腹棱；头很小，口小，上颌比下颌稍长；无须；眼侧位；侧线完全；背鳍具硬刺；臀鳍长；尾鳍深分叉；腹部银白色，各鳍边缘灰色。

生活习性：生活范围较广，成鱼多栖居于水的中下层，尤其喜欢在河床上有大岩石的流水中活动；幼鱼喜栖息在浅水缓流处。草食性鱼类，主要食物有水草、硅藻、丝状藻等，亦食少量浮游生物和水生昆虫。

学　名：*Cultrichthys erythropterus*（Basilewsky，1855）

英文名：Redfin culter

俗　名：短尾鲌、黄掌皮、黄尾鲹、红梢子、巴刀、小
白鱼

红鳍原鲌 69

■已建立国家级水产种质资源保护区 3 处

分　　类：鲤形目、鲤科、原鲌属。

分　　布：我国各主要水系的中下游干支流和附属静水水体均产。

常见个体：体长 10～20cm。

形态特征：体长而侧扁，下颌突出，向上翘，口裂和身体纵轴几乎垂直。背鳍
短，具有强大而光滑的硬刺。体侧和腹部银白色，体侧鳞片后缘具
黑色素斑点；背鳍灰白色，腹鳍、臀鳍和尾鳍下叶均呈橘黄色。

生活习性：中上层鱼，喜栖息于水草繁茂的湖泊中和江河的缓流里。幼鱼常群
集在沿岸一带觅食；成鱼则常成群游动于水面。为凶猛性肉食性鱼
类，一般以小鱼少数的虾、昆虫和浮游动物为食。

70 蒙古鲌

学　名：*Culter mongolicus*（Basilewsky，1855）
英文名：Mongolian redfin
俗　名：红梢子、尖头红梢、红尾巴

■已建立国家级水产种质资源保护区 8 处
■增殖放流适宜区域：淡水广布种，除海南岛、西北内流区、西南跨国
诸河流域、青藏高原等部分区域外的大部分水系
增殖放流功能定位：渔民增收、恢复种群

分　　类：鲤形目、鲤科、鲌属。

分　　布：长江、珠江、黄河和黑龙江水系均产。

常见个体：体长 15～25cm。

形态特征：体延长，侧扁。下颌比上颌长，口斜裂，后端伸至鼻孔后缘正下
方。侧线直，腹棱自腹鳍基部至肛门。胸、腹鳍短，尾鳍深叉形。
体上半部浅棕色，下半部银白色，尾鳍下叶鲜红色。

生活习性：喜栖息于水流缓慢的河湾或湖泊的中、上层，游动敏捷，集群生
活，性凶猛，成鱼以小鱼、水生昆虫、甲壳类等为食。

学　　名：*Hypophthalmichthys molitrix*（Valenciennes，1844）
英文名：Silver carp
俗　　名：白鲢、胖子、连子鱼、扁鱼、苏鱼、白脚鲢、白屿

鲢 **71**

■已建立国家级水产种质资源保护区 12 处
■增殖放流适宜区域：淡水广布种，除海南岛、西北内流区、西南跨国
　诸河流域、青藏高原等部分区域外的大部分水系
　增殖放流功能定位：渔民增收、生物净水

分　　类：鲤形目、鲤科、鲢属。
分　　布：我国各大水系均可见。
常见个体：体长 25～30cm。
形态特征：体侧扁，头较大，但远不及鳙。口阔，端位，下颌稍向上斜。鳃耙
　　　　　特化，彼此联合成多孔的膜质片。口咽腔上部有螺形的鳃上器官。
　　　　　眼小，位置偏低，无须。鳞小。胸鳍末端仅伸至腹鳍起点或稍后。
　　　　　体银白，各鳍灰白色。
生活习性：栖息于水体的中、上层，滤食性鱼类，终生以浮游生物为食。最适
　　　　　水温范围 23～32℃，性活泼，喜跳跃，有逆流而上的习性，胆小
　　　　　怕惊，行动笨拙，喜好肥水。为我国主要的淡水养殖鱼类之一。

72　鳙

学　名：*Aristichthys nobilis*（Richardson，1845）

英文名：Big-head

俗　名：胖头鱼、花鲢、红鲢

■已建立国家级水产种质资源保护区 14 处

■增殖放流适宜区域：淡水广布种，除东北、海南岛、西北内流区、西南跨国诸河流域、青藏高原等部分区域外的大部分水系

■增殖放流功能定位：渔民增收、生物净水

分　　类：鲤形目、鲤科、鳙属。

分　　布：我国各大水系均产，但以长江流域中、下游地区为主要产地。

常见个体：体长 28～35cm，最重可达 40kg。

形态特征：体侧扁，头极肥大。眼小、位置偏低。腹部仅在腹鳍基至肛门间有皮质腹棱。胸鳍长，末端远超过腹鳍基部。背部及两侧上半部微黑色，腹部白色，体侧有许多黑色小斑点。

生活习性：喜欢生活于静水的中上层，动作较迟缓，不喜跳跃。以浮游动物为主食，也食一些藻类。

学　名：*Xenocypris microlepis*（Bleeker，1871）
英文名：Microscales chub
俗　名：沙姑子、黄片、板黄鱼

细鳞斜颌鲴

■已建立国家级水产种质资源保护区 13 处
■增殖放流适宜区域：淡水广布种，除海南岛、西北内流区、西南跨国
　诸河流域、青藏高原等部分区域外的大部分水系
　增殖放流功能定位：生物净水、渔民增收

分　　类：鲤形目、鲤科、鲴属。
分　　布：我国各大水系均产。
常见个体：体长 30～39cm。
形态特征：头小，呈锥形。口下位，呈弧形，下颌的角质边缘比较发达。鳞片
　　　　　细小，排列紧密。鱼体背部灰黑色，腹部淡白色，背鳍浅灰色，尾
　　　　　鳍为橘黄色，其他各鳍浅黄色。
生活习性：江河、水库、湖泊等水域中的中下层经济鱼类，有集群摄食、活动
　　　　　的习性。以着生藻类和有机碎屑为食，与其他鱼混养能清扫食物残
　　　　　饵，净化水质。

74 银鲴

学　名：*Xenocypris argentea*（Günther，1868）

英文名：Freshwater yellowtail

俗　名：密鲴、银鲹、刁子

■已建立国家级水产种质资源保护区 3 处

分　　类：鲤形目、鲤科、鲴属。

分　　布：辽河至珠江各主要水系均产。

常见个体：体长 15～20cm。

形态特征：体延长，侧扁。头短，吻钝。口小，下位，横裂，上下颌具角质边缘，侧线较平直、明显。体青色，后部银白色，鳃盖膜后缘有一明显的橘黄色斑块。背鳍有硬棘，灰色，胸鳍橘黄色，尾鳍深叉，暗黄色。

生活习性：栖息于江、湖的中下层，适应性强，属广温性鱼类，以其发达的下颌角质化边缘，刮食着生藻类和高等植物碎屑。

学　名：*Spinibarbus denticulatus denticulatus*（Oshima，1926）

俗　名：青竹鲤、竹鲃鲤、青鲋鲤、黄冠鱼

倒刺鲃 75

▊增殖放流适宜区域：淡水区域种，珠江、元江流域及海南岛

▊增殖放流功能定位：恢复种群、渔民增收

分　　类：鲤形目、鲤科、倒刺鲃属。

分　　布：海南岛、珠江和红河等水系均产。

常见个体：体长 27～35cm，最重可达 15kg。

形态特征：体稍侧扁。头较小，略尖。口亚下位。须 2 对，颌须长大于眼径，吻须稍短。背鳍硬刺粗壮，具弱锯齿，起点在腹鳍起点的后上方。向前有一埋于皮内的平卧倒刺。

生活习性：中下层鱼类，常栖于江河上游，尤喜居深水潭。食植物碎片和丝状藻类。适温范围 20～30℃。

76 光倒刺鲃

学　名：*Spinibarbus hollandi*（Oshima，1919）
俗　名：青棍、坑坚、光眼鱼、黄娟、粗鳞鱼

■已建立国家级水产种质资源保护区 9 处
■增殖放流适宜区域：淡水区域种，长江中下游、钱塘江、闽江、珠江、
　元江和海南岛
　增殖放流功能定位：保护特有鱼类

分　　类：鲤形目、鲤科、倒刺鲃属。

分　　布：长江、钱塘江、闽江、珠江、台湾岛及海南岛等诸水系。

常见个体：体长 25～40cm，最大个体可达 20kg。

形态特征：体长，稍呈圆筒形，尾柄侧扁。吻钝，口稍下位，呈马蹄形。须 2
　　　　　对，吻须较短，颌须末端超过眼后缘。体绿色，背部青黑色、腹部
　　　　　乳白，尾鳍上下叶边缘略灰。

生活习性：栖息于底质多乱石而水流较湍急的江河中的中下层，尤喜在水色清
　　　　　澈的水域中生活，最适温度范围为 18～28℃。属于杂食性鱼类，
　　　　　以水生植物为主，兼食水生昆虫及其幼虫。

学　名：*Spinibarbus sinensis*（Bleeker，1871）
俗　名：青波、乌鳞、青板

中华倒刺鲃 77

■已建立国家级水产种质资源保护区 10 处
■增殖放流适宜区域：淡水区域种，长江上游干支流
　增殖放流功能定位：恢复种群、渔民增收

分　　类：鲤形目、鲤科、倒刺鲃属。

分　　布：长江中、上游水域均产。

常见个体：成鱼体长：20～30cm，最大个体可达 25kg。

形态特征：体延长而侧扁，须 2 对，颌须末端可达眼径后缘。背鳍起点前有一
　　　　　向前平卧的倒刺，隐埋于皮肤下，背鳍具一后缘有锯齿的硬刺，背
　　　　　鳍后缘微凹。体背青黑，腹部灰白，各鳍青灰色。

生活习性：一种底栖性鱼类，性活泼，喜欢成群栖息于底层多为乱石的流水
　　　　　中。杂食性，以摄食着生的丝状藻类和水生高等植物碎片为主。

78 白甲鱼

学　名：*Varicorhinus simus*（Sauvage et Dabry de Thiersant，1874）
英文名：Onychostoma sima
俗　名：白甲、爪流子、瓜溜、圆头鱼、腊棕

■已建立国家级水产种质资源保护区 5 处
■增殖放流适宜区域：淡水区域种，长江中上游及珠江流域
　增殖放流功能定位：生物净水、渔民增收

分　　类：鲤形目、鲤科、白甲鱼属。

分　　布：长江中、上游和珠江、元江水系均产。

常见个体：体长 20～35cm。

形态特征：体纺锤形，侧扁。吻钝圆，头短而宽，口下位；在眶前骨分界处有明显的斜沟走向口角。下颌具锐利的角质前缘。体银白色，北部微黑色，背、臀、尾鳍边缘淡红色。背部在背鳍前方隆起，腹部圆，尾柄细长。

生活习性：大多栖息于水流较湍急、底质多砾石的江段中，喜游弋于水的底层。常以锋利的角质下颌铲食岩石上的着生藻类，兼食少量的摇蚊幼虫、寡毛类和高等植物的碎片。

学　名：*Coreius guichenoti*（Sauyage et Dabry，1874）
英文名：Largemouth bronze gudgeon
俗　名：方头水鼻子、水鼻子、金鳅、圆口、麻花、肥沱

圆口铜鱼 **79**

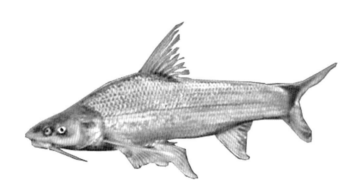

■增殖放流适宜区域：淡水区域种，长江上游干支流
■增殖放流功能定位：恢复种群

分　　类：鲤形目、鲤科、铜鱼属。

分　　布：长江上游、金沙江下游以及岷江、嘉陵江、乌江等支流均产。

常见个体：体长 30～50cm。

形态特征：头后背部显著隆起。吻较宽圆，眼径小于鼻孔。须 1 对，粗长，向
　　　　　后伸至胸鳍基部，是搜寻食物的灵敏工具。胸鳍长，后伸远超过腹
　　　　　鳍起点。口宽，呈弧形，口位于头部腹面，便于接触河底吞食
　　　　　食物。

生活习性：下层鱼类，常集群活动，栖息于水流湍急的江河，常在多岩礁的深
　　　　　潭中活动。杂食，食软体动物、水生昆虫以及植物碎片等。

80 **铜鱼**

学　名：*Coreius heterodon*（Bleeker，1865）

英文名：Brass gudgeon，Bronze gudgeon

俗　名：尖头、水密子、尖头棒、尖头水密子、退鳅、假肥沱、
麻花鱼、橘棒、竹鱼、黄道士、铜钱扣、金鳅

■已建立国家级水产种质资源保护区 2 处

分　　类：鲤形目、鲤科、铜鱼属。

分　　布：长江流域的干支流和通江湖泊中均产。

常见个体：体长 23～35cm。

形态特征：体细长，前端圆棒状，后端稍侧扁。胸鳍后伸不达腹鳍起点。体呈
黄铜色，各鳍浅黄色。头小，锥形；眼细小；口下位，狭小呈马蹄
形；头长为口宽的 7～9 倍。下咽齿末端稍呈钩状；须 1 对，末端
超过眼后缘。

生活习性：栖息于江河流水环境的下层，习惯于集群游弋。铜鱼的摄食强度很
大，其食物组成主要为淡水壳菜、蚬、螺蛳及软体动物等，其次是
高等植物碎片和某些硅藻，属于杂食性鱼类。

学　名：*Cirrhinus molitorella*（Valenciennes，1844）
英文名：Mud carp
俗　名：土鲮鱼、鲮公、花鲮

鲮 81

■已建立国家级水产种质资源保护区 1 处
■增殖放流适宜区域：淡水区域种，珠江流域及海南岛
　增殖放流功能定位：渔民增收

分　　类：鲤形目、鲤科、鲮属。
分　　布：珠江、闽江、韩江、海南岛、台湾岛、元江及澜沧江水系。
常见个体：体长 15～25cm。
形态特征：体延长、梭形，侧扁，背部在背鳍前方稍隆起，腹部圆而稍平直。
　　　　　体青白色，有银白色光泽，胸鳍上方、侧线上下的 8～12 个鳞片基
　　　　　部有黑斑，堆聚成菱形斑块。口下位，只在口角处稍下弯。
生活习性：栖息于水温较高的江河的中下层，对低温的耐力很差。以着生藻类
　　　　　为主要食料，常以其下颌的角质边缘在水底岩石等物体上刮取食
　　　　　物，亦食一些浮游动物和高等植物的碎屑和水底腐殖物质。

82 青海湖裸鲤

学　名：*Gymnocypris przewalskii przewalskii*（Kessler，1876）

英文名：Naked carp

俗　名：湟鱼、花鱼、狗鱼、无鳞鱼

■ 已建立国家级水产种质资源保护区 1 处

■ 增殖放流适宜区域：濒危珍稀物种，青海湖及附属水体

增殖放流功能定位：保护生物多样性

分　　类：鲤形目、鲤科、裸鲤属。

分　　布：青海湖及其支流均产。

常见个体：体长 20～33cm。

形态特征：体长，稍侧扁。体裸露，胸鳍基部上方、侧线之下有3～4 行不规则的鳞片；肛门和臀鳍两侧各有 1 列发达的大鳞，自腹鳍至胸鳍中线偶具退化鳞的痕迹。侧线鳞前端退化成皮褶状。

生活习性：低温耐盐碱性水域鱼类。喜欢生活在浅水中，适应性强，杂食性，主要食物对象为硅藻、桡足类、枝角类、轮虫类、端足类、水生昆虫及摇蚊幼虫等。

学　　名：*Schizothorax davidi*（Sauvage，1880）
英文名：David's schizothoracin
俗　　名：雅鱼、重口、重口细鳞鱼

重口裂腹鱼  **83**

■已建立国家级水产种质资源保护区 10 处
■增殖放流适宜区域：淡水区域种，长江上游干支流，以嘉陵江、岷江、
　沱江水系的峡谷河流中多见
　增殖放流功能定位：保护特有鱼类

分　　类：鲤形目、鲤科、裂腹鱼属。
分　　布：长江上游的嘉陵江，岷江和沱江水系的峡谷河流均产。
常见个体：体长 30～40cm。
形态特征：体延长，侧扁。口下位，马蹄形，横裂。上下唇肉质肥厚。体上部
　　　　　青灰色，腹部银白色，尾鳍淡红色。鳞细小，排列整齐，胸部和腹
　　　　　部有明显的鳞片，背鳍刺弱，但后缘具有锯齿。
生活习性：冷水性的下层鱼类，平时多生活于缓流的沱中，摄食在底质为砂和
　　　　　砾石、水流湍急的环境中，以动物性食料为主食，其口能自由伸
　　　　　缩，在砾石下摄食。

84 **拉萨裸裂尻鱼**

学　名：*Schizopygopsis younghusbandi young-husbandi*（Regan，1905）

英文名：Younghusband's chizothoracin

俗　名：杨氏裸裂尻鱼

▓已建立国家级水产种质资源保护区 1 处

▓增殖放流适宜区域：淡水区域种，雅鲁藏布江大拐弯以西干支流及羊八井温泉出水小河中

▓增殖放流功能定位：保护特有鱼类

分　　类：鲤形目、鲤科、裸裂尻鱼属。

分　　布：西藏昂仁金湖，雅鲁藏布江大拐弯以西等河流、湖泊中均产。

常见个体：个体较大，体长一般在 15～35cm，体重 300～500g。

形态特征：体延长，稍侧扁。口下体延长，稍侧扁。口下位，横裂。下颌具角质锐缘或革质锐缘。背鳍刺较弱，其后缘光滑或仅具少数细齿。雄性个体背鳍基部较长、鳍条之间距扩大，臀鳍末根分枝鳍条变硬，末端成钩状分叉。

生活习性：常栖息于高原宽谷河流、湖泊和沼泽水域中，主要以水生昆虫幼虫（石蚕、石蝇）为食，兼食植物碎片及藻类，胃检中偶尔发现有被吞食的鳅类。

学　　名：*Cyprinus carpio*（Linnaeus，1758）

英文名：Common carp

俗　　名：鲤拐子、鲤子、花鱼

鲤 **85**

■已建立国家级水产种质资源保护区 21 处

分　　类：鲤形目、鲤科、鲤属。

分　　布：我国各大水系。

常见个体：体长 22～30cm。

形态特征：体延长，略侧扁。口下位或亚下位，具口须 1 对。背鳍基部较长，其起点至吻端比至尾鳍基部为近。背鳍和臀鳍各具 1 个锯齿状硬棘。鳞大，上腭两侧各有二须，吻骨发达。

生活习性：底层鱼类，适应性很强，多栖息于底质松软、水草丛生的水体。在深水底层越冬。杂食性鱼类，多食螺、蚌、蚬和水生昆虫的幼虫等底栖动物，也食相当数量的高等植物和丝状藻类。

86 鲫

学　名：*Carassius auratus*（Linnaeus，1758）
英文名：Goldfish
俗　名：鲫瓜子、河鲫、鲋、鲫拐子

■已建立国家级水产种质资源保护区 20 处

分　　类：鲤形目、鲤科、鲫属。

分　　布：我国除西部高原地区外的各大水系。

常见个体：体长 15～20cm。

形态特征：体侧扁而高，体较厚。头短小，吻钝，无须。背鳍和臀鳍各具 1 个
　　　　　锯齿状硬棘。一般体背面灰黑色，腹面银灰色，各鳍条灰白色。因
　　　　　生长水域不同，体色深浅有差异。

生活习性：广适性、广温性鱼类，对各种生态环境具有很强的适应能力，喜栖
　　　　　息在水草丛生、流水缓慢的浅水河湾、湖汊、池塘中，杂食性鱼
　　　　　类，对水温、食物、水质条件、产卵场的条件都不苛求。

学　　名：*Procypris rabaudi*（Tchang，1930）

英文名：Rock carp

俗　　名：岩鲤、黑鲤、岩鲤鲅、墨鲤、水子、鬼头鱼

岩原鲤 87

■已建立国家级水产种质资源保护区 7 处

■增殖放流适宜区域：濒危珍稀物种，长江中上游干支流

增殖放流功能定位：保护生物多样性

分　　类：鲤形目、鲤科、原鲤属。

分　　布：长江上游干支流均产。

常见个体：体长 20～30cm。

形态特征：体侧扁，呈菱形。唇厚，唇上有不大明显的乳头状突起。背、臀鳍刺均特别强壮，后缘有锯齿。头部及体背部深黑色或黑紫色，每一鳞片的后部有 1 黑斑。尾鳍后缘有 1 黑色的边缘。

生活习性：大多栖息在江河水流较缓、底质多岩石的水体底层，经常出没于岩石之间，冬季在河床的岩穴或深沱中越冬，立春后溯水上游到各支流产卵。杂食性鱼类，较喜食底栖动物。

88 长薄鳅

学　名：*Leptobotia elongata*（Bleeker，1870）

英文名：Elongate loach

俗　名：花鱼、花斑鳅、花泥鳅、花鳅、红沙鳅钻、火军

■已建立国家级水产种质资源保护区 1 处

■增殖放流适宜区域：濒危珍稀物种，长江中上游干支流

■增殖放流功能定位：保护生物多样性

分　　类：鲤形目、鳅科、薄鳅属。

分　　布：长江中、上游，从湖北、湖南到四川西部均产。

常见个体：体长 15～30cm。

形态特征：体长，侧扁，尾柄高而粗壮。眼很小，眼下缘有 1 根光滑的硬刺。头部背面具有不规则的深褐色花纹，头部侧面及鳃盖部位为黄褐色，臀鳍有 2 列褐色的斑纹；尾鳍浅黄褐色，有 3～4 条褐色条纹。

生活习性：生活于江河中上游，水流较急的河滩、溪涧。常集群在水底砂砾间或岩石缝隙中活动，为底层鱼类。江河涨水时有溯水上游的习性。是一种肉食性鱼类，主要食物为底层小鱼。

学　名：*Silurus meridionalis*（Chen，1977）
英文名：Southern catfish
俗　名：河鲇、叉口鲇、大口鲇、鲇巴朗、大河鲇、
　　　　大鲇鲍

南方大口鲇 89

■ 已建立国家级水产种质资源保护区 11 处
■ 增殖放流适宜区域：淡水区域种，主产于长江水系的
　大江河中，闽江和珠江也有少量分布
　增殖放流功能定位：渔民增收、恢复种群

分　　类：鲇形目、鲇科、鲇属。
分　　布：长江以南的大江河中。
常见个体：体长 60cm 左右。
形态特征：头宽扁，口裂末端达到或超过眼中部的下方。胸腹部粗短，尾长而
　　　　　侧扁。体表光滑无鳞，皮肤富有黏液。眼小，口大。其背部及体侧
　　　　　通常呈灰褐色或黄褐色，腹部灰白色，各鳍为灰黑色。
生活习性：温水性鱼类，生存适宜水温为 0～38℃，性凶猛，以鱼、虾或其他
　　　　　水生动物为食，多栖息于江河缓流区。

90 兰州鲇

学　名：*Silurus lanzhouensis*（Chen，1977）

俗　名：鲇、黄河鲇

■已建立国家级水产种质资源保护区 17 处

■增殖放流适宜区域：淡水区域种，黄河上游

增殖放流功能定位：恢复种群、渔民增收

分　　类：鲇形目、鲇科、鲇属。

分　　布：主要分布于黄河甘肃、宁夏、内蒙古段。

常见个体：体长 37～58cm。

形态特征：头部中等长，扁平，头后身体侧扁。体表光滑无鳞，皮肤富于黏液，侧线上有一行黏液孔。背鳍小，胸鳍硬刺前缘有一排很微弱锯齿状的突起。体背部及侧面灰黄色，背鳍、臀鳍和尾鳍灰黑色，胸鳍和腹鳍灰白色。鱼卵颜色为黄色。

生活习性：底层鱼类，以水生昆虫和水生动物为主要食物，兼食水底腐烂动物尸体和植物碎片。常栖息于河流缓流处或静水中，多在黄昏和夜间活动，行动迟缓。

学　名：*Pelteobagrus fulvidraco*（Richardson，1845）

英文名：Yellow catfish

俗　名：嘎鱼、盎斯鱼、黄腊丁、江颡、嘎芽子

黄颡鱼 91

■已建立国家级水产种质资源保护区 57 处

■增殖放流适宜区域：淡水广布种，除海南岛、西北内流区、西南
跨国诸河流域、青藏高原等部分区域外的大部分水系

增殖放流功能定位：恢复种群、渔民增收

分　　类：鲇形目、鲿科、黄颡鱼属。

分　　布：我国各大水系均有分布。

常见个体：体长 12～25cm。

形态特征：体延长，腹平，后部侧扁。头大且平扁，体无鳞。背部黑褐色，背
鳍和胸鳍均具发达的硬刺，刺活动时能发声。胸鳍短小。体侧黄
色，体侧有宽而长的黑色断纹。口大，下位，上下颌均具绒毛状细
齿，眼小。须 4 对。

生活习性：多在湖泊静水或江河缓流中营底栖生活，对环境的适应能力较强。
属广食性鱼类，幼鱼主要食浮游动物和水生昆虫的幼虫，成鱼以小
鱼和无脊椎动物为食。

92 长吻鮠

学　名：*Leiocassis longirostris*（Günther，1864）
英文名：Longsnout catfish
俗　名：鮠、江团、长江鮠、肥沱、肥王鱼

■已建立国家级水产种质资源保护区 11 处
■增殖放流适宜区域：淡水区域种，长江流域、淮河流域
　增殖放流功能定位：恢复种群、渔民增收

分　　类：鲇形目、鲿科、鮠属。

分　　布：东部的辽河、淮河、长江、闽江至珠江等水系均产。

常见个体：体长 30～50cm。

形态特征：体裸露无鳞，头顶为皮肤所盖，仅枕骨部裸露。吻尖突，眼小，口下位。背鳍和胸鳍具硬棘，棘后缘均具锯齿，尾鳍深分叉。体浅红棕色，腹部白色，鳍为灰黑色。

生活习性：生活于江河的底层，觅食时也在水体的中、下层活动，冬季多在干流深水处多砾石的夹缝中越冬。适宜温度范围 0～38℃，最适温度范围为24～28℃。肉食性，主要食物为小型鱼类和水生昆虫。

学　　名：*Mystus guttatus*（Lacepède，1803）
英文名：Spotted longbarbel catfish
俗　　名：鲄、芝麻剑、梅花鲇、西江鲄、白须鲄

斑鳠 93

██ 已建立国家级水产种质资源保护区 3 处
██ 增殖放流适宜区域：濒危珍稀物种，珠江、元江、韩江水系
　　增殖放流功能定位：保护生物多样性

分　　类：鲇形目、鳠科、鳠属。

分　　布：钱塘江、九龙江、韩江、珠江、元江等水系均产。

常见个体：体长 17～40cm，体重最大者可达 15kg。

形态特征：体长，侧扁。上、下颌齿带弧形，腭骨齿带略呈半环形，齿绒毛
　　　　　状。须 4 对，上颌须最长，末端达腹鳍基。胸鳍刺扁长，前缘齿
　　　　　弱，后缘齿粗大。尾鳍分叉，上叶略长。体呈棕色，腹部黄色，
　　　　　体侧具大小不等、排列不规则的圆形蓝色斑点。

生活习性：栖息于江河的底层，喜栖深水岩洞中。多在黄昏和夜间外出觅食，
　　　　　为较温和的肉食性鱼类。食甲壳类、水生昆虫和小鱼虾，也食少量
　　　　　的高等水生植物碎屑。

94

黑斑原鮡

学　名：*Glyptosternun maculatum*（Regan，1905）

俗　名：拉萨鲇、巴格里

■已建立国家级水产种质资源保护区 1 处

■增殖放流适宜区域：濒危珍稀物种，雅鲁藏布江中游

▦增殖放流功能定位：保护生物多样性

分　　类：鲇形目、鮡科、原鮡属。

分　　布：雅鲁藏布江水系。

常见个体：体长 12～20cm。

形态特征：体扁平，背鳍自吻端向后逐渐隆起、腹面平坦；脂鳍后端不与尾鳍连合，尾鳍近于平截；上下颌有齿，上颌须一对，下颌须两对；除在腹腔内具有正常的肝脏外，在皮肤与体壁肌肉之间分生出一个与腹腔内肝脏连接的同功组织——腹腔外肝。

生活习性：冷水性鱼类，喜居于急流水中的石下和隙间。以昆虫卵或幼鱼为食。在雅鲁藏布江中游数量较多。

学　　名：*Monopterus albus*（Zuiew，1793）

英文名：Ricefield eel

俗　　名：鳝、田鳝、田鳗、尤蛇、蛇鱼、血鳝

黄鳝 95

▓已建立国家级水产种质资源保护区 9 处

分　　类：合鳃鱼目、合鳃鱼科、黄鳝属。

分　　布：全国各水域均产，除青藏高原外。

常见个体：体长 34～60cm。

形态特征：体细长，前部圆筒形，后部渐侧扁，尾部尖细，呈蛇形。体呈黄褐色，具不规则黑色斑点，腹面灰白色。体表一般有润滑液体，无鳞。无胸鳍和腹鳍；背鳍和臀鳍退化，仅留皮褶，无软刺，都与尾鳍相联合。

生活习性：热带及暖温带鱼类，营底栖生活，适应能力强，在河道、湖泊、沟渠及稻田中都能生存。鳃不发达，而借助口腔及喉腔的内壁表皮作为呼吸的辅助器官，能直接呼吸空气。杂食性，以小动物为食。

96 **鳜**

学　名：*Siniperca chuatsi*（Basilewsky，1855）

英文名：Mandarin fish

俗　名：桂花鱼、季花鱼、鳌花鱼、桂鱼

■已建立国家级水产种质资源保护区 38 处

■增殖放流适宜区域：淡水广布种，除西北内流区、西南跨国诸河流域、
青藏高原、华南、海南等部分区域外的大部分水系

■增殖放流功能定位：渔民增收

分　　类：鲈形目、鮨科、鳜属。

分　　布：中国东部平原的江河湖泊。

常见个体：体长 25～40cm。

形态特征：体侧扁，背部隆起。口裂大，前上位，略倾斜，下颌向前突出，上
颌骨延伸至眼的后缘下方。胸鳍、臀鳍、尾鳍均呈圆形。体黄绿
色，腹部灰白色，体侧具有不规则的暗棕色斑点及斑块。

生活习性：一般栖息于静水或缓流的水体中，尤以水草茂盛的湖泊中数量最
多。冬季不大活动，常在深水处越冬，一般不完全停止摄食，摄食
主要以其他鱼类为食。

学　名：*Siniperca kneri* （Garman，1912）

英文名：Bigeye mandarinfish

俗　名：母猪壳、刺薄鱼、羊眼桂鱼

大眼鳜 97

■已建立国家级水产种质资源保护区 5 处

■增殖放流适宜区域：淡水区域种，长江及以南各水系

　增殖放流功能定位：恢复种群、渔民增收

分　　类：鲈形目、鮨科、鳜属。

分　　布：长江以南各水系。

常见个体：体长 15～20cm，体重最重可达 2.5kg。

形态特征：体侧扁。眼大，大于眼间隔。上颌后端不达眼后缘。幽门垂 68～95。体黄褐色，腹部灰白色。体侧有许多垂直黑条纹及不规则的棕黑色斑。奇鳍上具黑色斑点并练成带状。

生活习性：习性与鳜相似，更喜栖于江河、湖泊的流水环境。生长缓慢，常见个体较小，性凶猛，以鱼、虾为食。

98 **乌鳢**

学　名：*Channa argus*（Cantor，1842）
英文名：Northern snakehead
俗　名：黑鱼、生鱼、才鱼、乌鱼、乌棒、蛇头鱼

■■已建立国家级水产种质资源保护区 16 处

分　　类：鲈形目、月鳢科、鳢属。

分　　布：主要分布于长江流域以及北至黑龙江一带。

常见个体：体长 20～40cm。

形态特征：体细长，前部圆筒状，后部侧扁。头尖而扁平，颅顶、颊部及鳃盖
　　　　　上均覆盖着鳞片。体色暗黑，体侧有许多不规则的黑斑。牙细小，
　　　　　带状排列于上下颌，下颌两侧齿坚利。眼小，上侧位，居于头的前
　　　　　半部，距吻端颇近。

生活习性：肉食性底层鱼类，一般生活在江河湖泊、沟港水库和沼泽等静水区
　　　　　域或有微流水的水草区，性凶猛，成鱼则捕食其他鱼类。具很强的
　　　　　跳跃能力，亲鱼有护幼习性。

学　名：*Channa maculata*（Lacepède，1802）
英文名：Taiwan snakehead
俗　名：豺鱼、财鱼、文鱼、生鱼

斑鳢 99

■已建立国家级水产种质资源保护区 5 处

分　　类：鲈形目、鳢科、鳢属。

分　　布：长江以南的水域。

常见个体：体长 20～50cm。

形态特征：体呈圆筒形，头部扁平，口腔齿尖锐丛生，背鳍和臀鳍特长，腹部
　　　　　呈白色或灰白色，体侧有"＜"形黑色条纹，有鳔无管，有鳍无
　　　　　棘，有鳃上器官作为辅助呼吸器官，尾鳍有 2～3 条弧形横斑。

生活习性：底栖鱼类，栖息于水草茂盛的江、河、湖、池塘、沟渠、小溪中，
　　　　　常潜伏在浅水水草多的水底，性喜阴暗，昼伏夜出。适应性特别
　　　　　强，最适水温范围为 20～28℃。性凶猛，以小鱼、虾、蝌蚪、小
　　　　　型昆虫及其他水生动物为食。

100 大管鞭虾

学　名：*Solenocera melantho*（de Man）
英文名：Black mud shrimp
俗　名：大头虾、红中虾、葱头虾

分　　类：十足目、管鞭虾科、管鞭虾属。

分　　布：东海和南部海域均产。

常见个体：体长 4～13cm，最大体长达 15cm。

形态特征：额角短，上缘具 8～9 额齿，下缘无齿，并成剃刀状，额角后脊明显，但不特别突出，身体为淡红色，腹部具较深色的杂斑，尾扇后半部掺杂有黄色斑纹。

生活习性：生活在水温 13～25℃、盐度 34 以上、50～250m 的泥沙底质高盐水海域，是高温、高盐性的虾类。

学　　名：*Solenocera crassicornis*（H. Milne-Edwards，1837）

英文名：Coastal mud shrimp

俗　　名：红虾、大脚黄蜂、桃红虾

中华管鞭虾

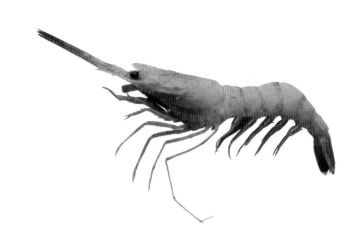

分　　类：十足目、管鞭虾科、管鞭虾属。

分　　布：黄海南部、东海、台湾海峡、南海均产。

常见个体：体长5～9cm。

形态特征：体表呈浅橘红色，各腹节后缘有红色横带尾扇后半部呈红色。眼甚大。额角短而平直，下圆弧形。尾柄有中央沟，但侧缘不具刺。第一触角上鞭较狭，稍长于下鞭。

生活习性：热带近岸小型种，栖息于沿岸低盐水和外海高盐水的泥质或泥沙质混合区域，为广温、广盐性虾类。以底栖动物为主食。

102 中国明对虾

学　名：*Penaeus（Fenneropenaeus）chinensis*（Osbeck，1765)

英文名：Chinese shrimp

俗　名：中国对虾、明虾、东方对虾、大虾、肉虾

■已建立国家级水产种质资源保护区 4 处

■增殖放流适宜区域：海水物种，渤海、黄海，以及东海北部

　增殖放流功能定位：渔民增收、生物种群修复

分　　类：十足目、对虾科、明对虾属。

分　　布：黄海、渤海和朝鲜西部沿海均产。

常见个体：体长 12～20cm。

形态特征：体形侧扁，甲壳薄，光滑透明，雌体青蓝色，雄体呈棕黄色。通常雌虾个体大于雄虾。对虾全身由 20 节组成，头部 5 节、胸部 8 节、腹部 7 节。除尾节外，各节均有附肢一对。有 5 对步足，前 3 对呈钳状，后 2 对呈爪状。

生活习性：广温、广盐性，一年生暖水性大型虾类，有长距离洄游习性，经过长距离越冬洄游到黄海南部较深水域越冬，秋末集结洄游前大量成群。

学　名：*Penaeus（Fenneropenaeus）penicillatus*（Alcock，1905）

英文名：Redtail prawn

俗　名：大虾、白虾、红尾虾、红虾、大明虾

长毛对虾 103

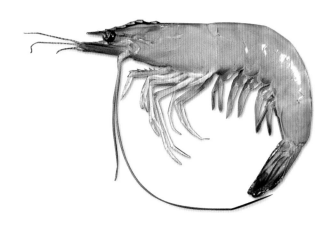

■已建立国家级水产种质资源保护区 2 处

■增殖放流适宜区域：海水物种，东海南部、南海北部

　增殖放流功能定位：种群修复、渔民增收

分　　类：十足目、对虾科、对虾属。

分　　布：东海、南海均产。

常见个体：体长 13～19cm。

形态特征：体淡棕黄色。额角后脊伸至头胸甲后缘附近，无中央沟。第一触角鞭比头胸甲稍长，雄虾第三颌足末节有毛笔状长毛，其长度为末第二节的 1.2～2.7 倍。额角脊上有断续的凹点。

生活习性：暖水性大型虾类，适温性广，白天多匍匐于海底表层，夜间活动频繁，四处摄食。在其生长索饵期有强烈的趋光性，主食浮游动物和小鱼虾。

104 **日本囊对虾**

学　名：*Penaeus*（*Marsupenaeus*）*japonicus*（Bate，1888）

英文名：Kuruma prawn

俗　名：日本对虾、花虾、竹节虾、花尾虾、斑节虾、
　　　　车虾

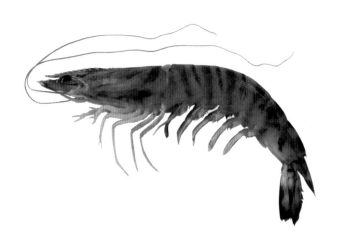

■增殖放流适宜区域：海水物种，黄海、东海、南海、渤海

■增殖放流功能定位：渔民增收

分　　类：十足目、对虾科、囊对虾属。

分　　布：福建、台湾及广东东部沿海均产。

常见个体：体长 14～18cm。

形态特征：体长而侧扁，体色呈淡褐色至青褐色，具有深褐色横带及褐色倾斜
　　　　　的斑纹，胸足及腹足黄色。额角微呈正弯弓形，上缘8～10齿，下
　　　　　缘1～2齿。雌交接器呈长圆柱形。成熟虾雌虾大于雄虾。

生活习性：广盐性的亚热带大型虾类，适温范围为 25～30℃，生活在水深
　　　　　10～40m 的海域，喜欢栖息于沙泥底，具有较强的潜沙特性，白
　　　　　天潜伏在深度 3cm 左右的沙底，夜间频繁活动并进行索饵。

学　　名：*Penaeus monodon*（Fabricius，1798）

英文名：Giant tiger prawn

俗　　名：草虾、花虾、牛形对虾、大虎虾

▓ 增殖放流适宜区域：海水物种，南海

▓ 增殖放流功能定位：渔民增收、种群修复

分　　类：十足目、对虾科、对虾属。

分　　布：主要分布于南海。

常见个体：体长 22.5～32cm。

形态特征：壳稍厚，体被黑褐色、土黄色相间的横斑花纹。额角上缘 7～8 齿，下缘 2～3 齿。额角侧沟相当深，伸至目上刺后方，但额角侧脊较低且钝，额角后脊中央沟明显。有明显的肝脊，无额胃脊。

生活习性：对虾属中最大型种，广盐性，能耐高温和低氧，对低温的适应力较弱。喜栖息于沙泥或泥沙底质，一般白天潜底不动，傍晚食欲最强。杂食性，贝类、杂鱼、虾、花生麸、麦麸等均可摄食。

106 鹰爪虾

学　　名：*Trachypenaeus curvirostris*（Stimpson，1860）
英文名：White-hair rough shrimp
俗　　名：鸡爪虾、厚壳虾、红虾、立虾、厚虾、硬枪虾、沙虾

分　　类：十足目、对虾科、鹰爪虾属。

分　　布：主要分布于我国南海、东海。

常见个体：体长 6～10cm。

形态特征：体较粗短，甲壳很厚，表面粗糙不平。腹部背面有脊。尾节末端尖
　　　　　细，两侧有活动刺。体红黄色，腹部备节前缘白色，后背为红黄
　　　　　色，弯曲时颜色的浓淡与鸟爪相似。

生活习性：喜栖息在近海泥沙海底，一般生活在高温、高盐海区，对底质的适
　　　　　应性强，有避光性，昼伏夜出。其食饵主要是海绵、多毛类、腹足
　　　　　类、双壳类、桡足类和幼鱼等。

学　名：*Exopalaemon carinicauda*（Holthuis，1950）

英文名：Ridgepail prawn

俗　名：白虾、五须虾、青虾、绒虾、迎春虾

脊尾白虾 107

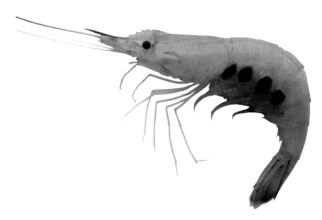

■增殖放流适宜区域：海水物种，黄海、渤海、东海

■增殖放流功能定位：渔民增收、种群修复

分　　类：十足目、长臂虾科、白虾属。

分　　布：我国沿海均产。

常见个体：体长 5～9cm。

形态特征：中型虾类，甲壳薄，体色透明，微带蓝色或红色小斑点，腹部各节后缘颜色较深。腹部额角侧扁细长，基部 1/3 具鸡冠状隆起，额角侧扁细长，上下缘均具锯齿。尾节末端尖细，呈刺状。

生活习性：广盐、广温广布种，一般生活在近岸的浅海中，经过驯化也能生活在淡水中。适应性强，水温在 2～35℃ 内均能成活，在冬天低温时，有钻洞冬眠的习性。食性杂而广，蛋白质含量要求不高。

108 **中国毛虾**

学　名：*Acetes chinensis*（Hansen，1919）
英文名：Chinese water shrimp
俗　名：雪雪、虾皮、毛虾、红毛虾、水虾、小白虾、
　　　　苗虾

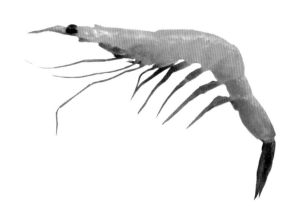

■已建立国家级水产种质资源保护区 2 处

分　　类：十足目、樱虾科、毛虾属。

分　　布：我国沿海均产。

常见个体：体长 2.5～4cm。

形态特征：体型小，侧扁。额角短小，侧面略呈三角形。尾节很短，末端圆形
　　　　　无刺；侧缘的后半部及末缘具羽毛状。体无色透明，唯口器部分及
　　　　　触鞭呈红色，第六腹节的腹面微呈红色。

生活习性：小型虾类，生长迅速，繁殖力强，有用能力弱，游动于沿岸、河口
　　　　　和岛屿一带。适温范围为 11～25℃，适盐范围为 30～32。具有昼
　　　　　夜垂直与季节水平移动的特性。

学　名：*Leander modestus*（Heller，1862）

英文名：Chinese white prawn

俗　名：秀丽长臂虾、白米虾、太湖白虾、水晶虾

秀丽白虾 109

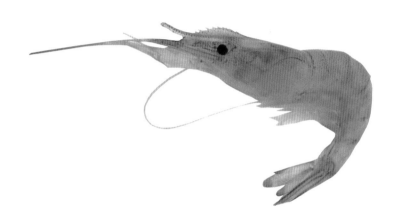

■已建立国家级水产种质资源保护区 6 处

分　　类：十足目、长臂虾科、白虾属。

分　　布：我国淡水湖泊均产，盛产于太湖、内蒙古呼伦湖。

常见个体：体长 3.5～8cm。

形态特征：体呈圆筒形，体表光滑，身体透明。头胸甲有鳃甲刺、触角刺而无肝刺。额角发达，上下缘皆有锯齿，上缘基部呈鸡冠状隆起。第一、二对步足有螯，第三至第五对步足呈爪状或细长柱状。

生活习性：主要生活在湖内的敞水区域和湖内较大的河道内，它白天潜入水低，夜间升到湖水上层，并喜光亮。属杂食性动物，终生以浮游动物、植物碎屑、细菌等为饵料。

110 **日本沼虾**

学　名：*Macrobrachium nipponense*（de Haan）

英文名：Oriental river prawn

俗　名：青虾、河虾

■已建立国家级水产种质资源保护区 26 处

■增殖放流适宜区域：淡水广布种，除青藏高原和新疆外的其他水域

增殖放流功能定位：生物净水、渔民增收

分　　类：十足目、长臂虾科、沼虾属。

分　　布：我国淡水湖泊均产。

常见个体：体长 4～7cm。

形态特征：体形粗短，头胸部较粗大，往后渐次细小。触角长度超过体长，腹甲保持分节状态。腹部附肢均为双肢型的游泳足，第六腹节的附肢特别强大宽阔。体色青蓝并有棕绿色斑纹。

生活习性：终生生活在湖泊、水库、池塘、江河、沟渠等淡水水体中，游泳能力差，常在水底草丛中攀缘爬行。食性杂、生长快、繁殖力强，为我国淡水养殖重要品种。

学　　名：*Oratosquilla oratoria*（de Haan）

英文名：Japanese squillid mantis shrimp

俗　　名：皮皮虾、虾耙子、虾公驼子、琵琶虾、富贵虾、濑尿虾、东方虾蛄、爬虾

口虾蛄 111

■已建立国家级水产种质资源保护区 1 处

分　　类：十足目、虾蛄科、口虾蛄属。

分　　布：我国南北沿海均有分布。

常见个体：体长 10～15cm。

形态特征：头部与腹部的前四节愈合，背面头胸甲与胸节明显。腹部七节，分界亦明显，而较头胸两部大而宽，头部前端有大型的具柄的复眼 1 对，触角 2 对。雌雄异体，雄者胸部末节生有交接器。

生活习性：沿海近岸性品种，生活在水深 5～60m 的水层内，最适温度范围为 20～27℃，喜栖于浅水泥沙或礁石裂缝内，具穴居性，对鱼、虾、贝均能摄食。

112 中国龙虾

学　名：*Panulirus stimpsoni*（Hoehuis）
英文名：Chinese spiny lobster
俗　名：龙虾、大龙虾、青龙虾

■已建立国家级水产种质资源保护区 1 处

分　　类：十足目、龙虾科、龙虾属。

分　　布：南海和东海南部及我国台湾省沿海均产。

常见个体：体长 20～30cm。

形态特征：中国龙虾甲壳坚硬，尾扇柔软而半透明。头胸甲表面覆有软毛且遍
　　　　　布强大棘刺。腹部第二至第六节背甲左右各有一较宽的横向凹陷，
　　　　　凹陷处生有短毛。各节侧甲末端有一向后弯曲的大棘。颜色青绿
　　　　　色，深浅不一。

生活习性：栖息于近岸浅海礁岩地带，有隐匿穴居、昼伏夜出的栖息习性，
　　　　　只能爬行觅食。肉食性，食性广，以小鱼、甲壳类、薄壳的贝类
　　　　　等为食。

学　　名：*Portunus trituberculatus*（Miers，1876）

英文名：Swimming crab

俗　　名：梭子蟹、蓝蟹、枪蟹、海螃蟹、水蟹、
三点蟹、飞蟹、烟蟀

三疣梭子蟹

■已建立国家级水产种质资源保护区 2 处

■增殖放流适宜区域：海水物种，渤海、黄海、东海、南海

　增殖放流功能定位：渔民增收、生物种群修复

分　　类：十足目、梭子蟹科、梭子蟹属。

分　　布：我国南北各海域均产。

常见个体：头胸甲长 10cm 左右。

形态特征：头胸甲呈梭形，稍隆起。表面有 3 个显著的疣状隆起。其体形似椭圆，两端尖尖如织布梭。雄蟹背面茶绿色，雌蟹紫色，腹面均为灰白色。头胸甲呈浅灰绿色，前鳃区具一圆形白斑，螯足大部分为紫红色带白色斑点。

生活习性：暖温性多年生大型蟹类，善于游泳，也会掘泥沙，常潜伏海底或河口附近，性凶猛好斗，繁殖力强，生长快，是我国最大的一种蟹类。

114 日本蟳

学　　名：*Charybdis japonica*（A. Milne-Edwards，1861）
英文名：Japenese stone crab
俗　　名：石钳爬、赤甲红、红眼、白眼、海蟳、石蟹

分　　类：十足目、梭子蟹科、蟳属。

分　　布：我国沿海均产。

常见个体：头胸甲长 6cm 左右。

形态特征：全体被有坚硬的甲壳，背面灰绿色或棕红色，头胸部宽大，甲壳略
　　　　　呈扇状，胸肢末端爪状，适于爬行，最后 1 对扁平而宽，末节片
　　　　　状，适于游泳。腹部退化，折伏于头胸部下方。

生活习性：生活于浅海中，属沿岸定居性种类，喜栖于海边沙滩的碎石块下或
　　　　　石隙间。常捕食小鱼、小虾及小型贝类动物，有时也食动物的尸体
　　　　　和水藻等。

学　名：*Scylla serrata*（Forskål，1775）

英文名：Mud crab

俗　名：青蟹、闸蟹、黄甲蟹、蟳蟒、蟳

锯缘青蟹 **115**

■增殖放流适宜区域：海水物种，东海、南海

■增殖放流功能定位：种群修复、渔民增收

分　　类：十足目、梭子蟹科、青蟹属。

分　　布：中国东南沿海均产。

常见个体：头胸甲长 9～10cm。

形态特征：头胸甲卵圆形，背面隆起而光滑，体色青绿。头胸甲的胃、心区有一个明显的 H 形凹痕，胃区有一细而中断的横行颗粒隆起。螯足粗壮，稍不对称，掌膨肿，两指内缘有钝齿。雄性腹部呈宽三角形，雌性腹部呈圆形。

生活习性：栖息在热带、亚热带低盐度海域，穴居于潮间带和浅海内湾中，或江河口附近泥质较深的洞穴内。它们对盐度的适应性特强。杂食性，以肉食为主，吃鱼、虾、贝、藻和动物尸体。

116 中华绒螯蟹

学　名：*Eriocheir sinensis*（H. Milne-Edwards，1853）
英文名：Chinese mitten-handed crab
俗　名：大闸蟹、河蟹、毛蟹、螃蟹、清水蟹

■已建立国家级水产种质资源保护区 8 处

■增殖放流适宜区域：淡水广布种，南北沿海江河湖泊，北自鸭绿江口，
南至九龙江

增殖放流功能定位：恢复种群、渔民增收

部分省市实施了中华绒螯蟹专项捕捞许可制度

分　　类：十足目、梭子蟹科、绒螯蟹属。

分　　布：广布于我国江河湖泊。

常见个体：头胸甲长 6～7cm。

形态特征：体近圆形，头胸甲背面为草绿色或墨绿色，腹面灰白色。腹部平
扁，雌体腹部呈卵圆形至圆形，雄体腹部呈细长钟状，螯足用于取
食和抗敌，其掌部内外缘密生绒毛。

生活习性：常栖于淡水湖泊河流，但在河口半咸水域繁殖，喜掘穴而居，或隐
匿在石砾和水草丛中，以水生植物、底栖动物、有机碎屑为食。

学　名：*Todarodes pacificus*(Steenstrup,1880)
英文名：Japanese flying squid
俗　名：黑皮鱿、太平洋斯氏柔鱼、东洋鱿、北鱿

太平洋褶柔鱼  **117**

分　　类：枪形目、柔鱼科、褶柔鱼属。

分　　布：东海、黄海均产。

常见个体：胴长 19～26cm。

形态特征：胴长约为胴宽的 5 倍，胴背中央具一条明显的褐色宽带，皮下无发
　　　　　光组织。肉鳍约为胴长的 1/3，两鳍相接略呈菱形。触腕穗大，吸
　　　　　盘角质环尖齿与半圆形齿相同。

生活习性：能作较长距离的水平洄游。生活适温很广，为 5～27℃。凶猛肉食
　　　　　性，主要猎取磷虾、端足类等大型浮游动物和沙丁鱼、鲭、鲹等中
　　　　　上层鱼类。

118 中国枪乌贼

学　名：*Loligo chinensis*（Gray，1849）
英文名：Common Chinese squid
俗　名：鱿、锁管、长筒鱿

分　　类：枪形目、枪乌贼科、枪乌贼属。

分　　布：东海南部、南海均产。

常见个体：胴长 30～50cm。

形态特征：胴部呈圆锥形，后部稍直，胴长约为胴宽的 7 倍，两鳍相接呈纵菱形。肉鳍较长，位于胴体的后半部，在末端相连呈菱形；腕的长度不等，各腕吸盘大小略有差异，吸盘角质外缘具锥形小齿。

生活习性：喜栖于水色澄清、盐度稍高、浪小流缓的海区，有垂直分布的习性，有较强的趋光性。多以小公鱼、沙丁鱼、鲹和磷虾等小型中上鱼种类为食。

学　名：*Loligo japonica*（Hoyle，1885）

英文名：Common Japanese squid

俗　名：柔鱼、鱿、油鱼

日本枪乌贼 119

分　　类：枪形目、枪乌贼科、枪乌贼属。

分　　布：黄海、渤海均产。

常见个体：胴长 12～20cm。

形态特征：体型小，体短而宽，一般胴长为胴宽的 4 倍。肉鳍长度稍大于胴部的 1/2，略呈三角形。腕吸盘 2 行，其胶质环外缘具方形小齿，触腕超过胴长。内壳角质，薄而透明。胴背部具浓密的紫色斑点。

生活习性：喜群栖于海洋中下层，有时也活跃于水面，为底曳网的捕捞对象之一。春季产卵期由深海向沿海洄游。

120 剑尖枪乌贼

学　名：*Loligo edulis*（Hoyle，1885）
英文名：Swordtip aquid
俗　名：句公

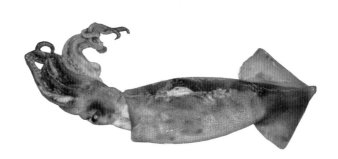

分　　类：枪形目、枪乌贼科、枪乌贼属。

分　　布：黄海、东海、南海均产。

常见个体：胴长 30～40cm。

形态特征：胴部圆锥形，胴长约为胴宽的 4 倍，雄体胴腹中央具一条筋肉隆起；体表具大小相间的近圆形色素斑。肉鳍较长，后部略向内弯，两鳍相接略呈纵菱形。背部红褐色。

生活习性：浅海性种类，栖居环境与中国枪乌贼相近。适温范围为 12～27℃，适盐范围为 32.0～34.7，白天多栖息于中下层，夜间多活跃于中上层。凶猛肉食性，以鱼类、大型浮游动物、虾类、本种等为食。

学　名：*Sepiella maindroni*（de Rochebrune，1884）

英文名：Common Chinese Cuttlefish

俗　名：花粒子、麻乌贼、血墨、青浜无针乌贼、
　　　　墨鱼、目鱼

曼氏无针乌贼  121

■增殖放流适宜区域：海水物种，东海、黄海南部

■增殖放流功能定位：渔民增收、种群修复

分　　类：乌贼目、乌贼科、无针乌贼属。

分　　布：黄海、东海、渤海均产。

常见个体：胴长 15cm 左右。

形态特征：胴部卵圆形，长度约为宽度的 2 倍。各腕吸盘大小相近，其角质环
　　　　　外缘具尖锥形小齿。石灰质内壳长椭圆形，后端无骨针。生活时，
　　　　　胴背白花斑甚为显著，雄性斑大，很易识别；浸制后，胴背呈浓密
　　　　　紫斑。

生活习性：中型乌贼，稚仔活动力弱，常潜伏海底。有生殖洄游，一生仅繁殖
　　　　　1 次。凶猛肉食性。

122 金乌贼

学　名：*Sepiella esculenta*（Hoyle，1885）

英文名：Golden Cuttlefish

俗　名：墨鱼、乌鱼、斗鱼、目鱼、梧桐花、竹筷子、板乌、大乌子、柔鱼

■已建立国家级水产种质资源保护区 1 处

■增殖放流适宜区域：海水物种，黄海

　增殖放流功能定位：渔民增收、种群修复

分　　类：乌贼目、乌贼科、乌贼属。

分　　布：黄海、东海、渤海、南海均产。

常见个体：胴长 20cm 左右。

形态特征：圆形，背腹略扁平，侧缘绕以狭鳍，不愈合。石灰质内骨骼发达，后端骨针粗壮。体内有墨囊，内贮有黑色液体。体黄褐色，服体上有棕紫色与白色细斑相间，雄体阴背有波状条纹，在阳光下呈金黄色光泽。

生活习性：喜生活在中、下层水域，以小型虾类为主要食物，也摄食小型鱼类。有施放墨汁抵御敌害保护自己的习性。

学　名：*Octopus variabilis*（Sasaki，1929）

英文名：Whiparm octopus

俗　名：章鱼、八带、短脚蛸、母猪章、长章、坐蛸、石柜、
八带虫、望潮

长蛸 123

■已建立国家级水产种质资源保护区 1 处

■增殖放流适宜区域：海水物种，黄海、渤海

　增殖放流功能定位：种群修复

分　　类：八腕目、蛸科、蛸属。

分　　布：黄海、渤海产量较大。

常见个体：全长 50～70cm，胴长 10cm 左右。

形态特征：胴部短小，亚圆或卵圆形。头足部具有肉腕 4 对，一般腕的长度相
当于胴部的 2～5 倍，腕上有大小不一的吸盘。背部有疣突起，表
面光滑。腕长，各腕长短悬殊。其中第 1 对腕最粗、最长。无肉
鳍，壳退化。

生活习性：主要营底栖生活在海底爬行，也能凭借漏斗喷水的反作用短暂游行
于底层海水中。有短距离的生殖和越冬洄游习性，以龙虾、虾蛄、
蟹类、贝类和底栖鱼类为食。

124

皱纹盘鲍

学　名：*Haliotis discus hannai*（Ino，1952）

英文名：Disk abalone

俗　名：翡翠鲍、九孔螺、大连鲍、海耳、盘鲍

■已建立国家级水产种质资源保护区 6 处

分　　类：原始腹足目、鲍科、鲍属。

分　　布：我国北部沿海均产。

常见个体：鲍壳长约 12.5cm。

形态特征：贝壳大，椭圆形，较坚厚。壳表面呈深绿色，生长纹明显。螺层 3
　　　　　层，缝合不深，螺旋部极小。壳顶钝，微突出于贝壳表面，胆低于
　　　　　贝壳的最高部分。壳口卵圆形，与体螺层大小相等。外唇薄，内唇
　　　　　厚，边缘呈刃状。

生活习性：喜昼伏夜出，狭温、狭盐性贝壳类，对生活海域要求水质清澈、潮
　　　　　流畅通，海水常年保持在 3‰以上，海底为岩礁底质。以食褐藻为
　　　　　主，兼食绿藻、红藻、硅藻等海藻类。

学　名：*Haliotis diversicolor*（Reeve，1846）

英文名：Abalone

俗　名：九子螺、九孔鲍

杂色鲍 125

■已建立国家级水产种质资源保护区 1 处

分　　类：原始腹足目、鲍科、鲍属。

分　　布：东南沿海，以及我国台湾、海南岛沿海均产。

常见个体：鲍壳长 4～9cm。

形态特征：壳坚硬，螺旋部小，体螺层极大。壳面的左侧有一列突起，壳口大，外唇薄，内唇向内形成片状边缘。壳表面绿褐色，生长纹细密，生长纹与放射肋交错使壳面呈布纹状。

生活习性：生活在水深 1～20m、水质清晰、海藻丛生的海区，栖息于背光线、背流水的岩石下或岩洞里，昼伏夜出。适宜生长水温范围为10～28℃，适宜盐度为 28～34。

126 脉红螺

学　名：*Rapana venosa*（Valenciennes）

俗　名：角泊螺、瓦螺、海螺

■已建立国家级水产种质资源保护区 1 处

分　　类：新腹足目、骨螺科、脉红螺属。

分　　布：黄渤海沿岸特有。

常见个体：螺壳高 10～14cm。

形态特征：壳略近梨形，螺旋部小，体螺层膨大。壳面密生低而均匀的螺肋，向外突出形成肩骨。壳面黄褐色，有棕色点线花纹，排列整洁，壳口橘红色。壳口大，呈卵圆形。

生活习性：幼螺多分布在低潮线四周岩石间，成螺一般多栖息在潮下带数米至数十米深的细泥、碎壳的海底。肉食性，主食双壳类，生长最适宜水温范围为 19～26℃。

学　名：*Scapharca broughtonii*（Schrenck，1867）

英文名：Ark shell

俗　名：赤贝、血贝

魁蚶 127

■已建立国家级水产种质资源保护区 2 处

分　　类：蚶目、蚶科、毛蚶属。

分　　布：黄海、渤海、东海及南海地区均产。

常见个体：壳长约 9cm。

形态特征：大型、深水经济贝类，壳质坚实且厚，斜卵圆形，极膨胀。左右两壳近相等。同心生长轮脉在腹缘略呈鳞片状。壳面白色，被棕色绒毛状壳皮，极易脱落。壳面有放射肋 42～48 条。放射肋较扁平，无明显结节或突起。

生活习性：生活在潮间带至浅海软泥或泥沙质海底。有坚韧的足丝，稚贝期常附着在石砾、碎贝壳、马尾藻、大叶藻或同类的贝壳上。

128 **毛蚶**

学　名：*Scapharca subcrenata*（Lischke，1869）
英文名：Rudder ark
俗　名：麻蛤、麻蚶、毛蛤、瓦垄子、珠蚶

分　　类：蚶目、蚶科、毛蚶属。

分　　布：我国沿海均产。

常见个体：壳长 4cm。

形态特征：壳高大于壳宽，壳顶突出，而尖端又向内卷入，位于背前方；壳表背棕褐色茸毛，顶部者极易脱落，故壳常呈白色。生长纹在腹侧极明显。铰合处很窄，呈直线形，齿细密。

生活习性：生活在内湾浅海低潮线下至水深十多米的泥沙底中，尤喜于淡水流出的河口附近。主要食物为硅藻和有机碎屑。

学　名：*Tegillarca granosa*（Linnaeus，1758）

英文名：Granular ark

俗　名：粒蚶、银蚶、血蚶、瓦垄蛤

泥蚶 **129**

▰已建立国家级水产种质资源保护区 2 处

分　　类：蚶目、蚶科、泥蚶属。

分　　布：我国沿海均产。

常见个体：壳长 3cm。

形态特征：贝壳极坚硬，卵圆形，两壳相等，相当膨胀。背部两端略呈钝角。壳顶突出，向内卷曲。放射肋粗壮，肋上具明显的结节，呈瓦垄形。壳表呈白色，被褐色壳皮。

生活习性：生活在潮间带至浅海的软泥底质或泥沙底质海区，并常发现于河口附近。适宜的盐度范围为 10～28.8，适宜水温 0～35℃。泥蚶为滤食性贝类，以硅藻类和有机碎屑为食。雌雄异体。

130 **厚壳贻贝**

学　名: *Mytilus coruscus*（Gould，1861）
英文名: Hard shelled mussel
俗　名: 壳菜、红蛤、海红

分　　类: 贻贝目、贻贝科、贻贝属。

分　　布: 黄海、渤海、东海和我国台湾海峡沿岸均产。

常见个体: 壳长 4～10cm。

形态特征: 贝壳呈楔形，较贻贝大且厚。壳顶细尖，后缘圆，壳面由壳顶沿腹
缘形呈一条隆起，两壳闭合时在腹面构成一菱形平面。壳面棕褐
色，顶部常被磨损而显露白色。

生活习性: 生活在低潮线至 20m 水深的海区，群居性，喜激流，幼体阶段浮
游，幼贝和成贝以足丝固定在岩礁、石砾等硬物上生活。最适温度
范围为 15～27℃，适宜生长盐度为 25～36。

学　名：*Mytilus galloprovincialis*（Lamarck，1819）

英文名：Bay mussel

俗　名：青口、海红、淡菜

紫贻贝 **131**

分　　类：贻贝目、贻贝科、贻贝属。

分　　布：黄海、渤海沿岸均产。

常见个体：壳长 6～8cm。

形态特征：壳呈楔形，前端尖细，后端宽广而圆。壳长小于壳高的 2 倍。壳薄。壳顶近壳的最前端，两壳相等，左右对称。壳面呈紫黑色，具有光泽，生长纹细密而明显，自顶部起呈环形生长。壳内面灰白色，边缘部为蓝色，有珍珠光泽。

生活习性：大多生活在低潮线以下 1～3m 处，喜栖于风浪小、潮流通畅的浅海海区，以足丝附着岩礁上。

132 翡翠贻贝

学　名：*Perna viridis*（Linnaeus，1758）

英文名：Green mussel

俗　名：翡翠贻贝、青蛤、青口贝、海红

■已建立国家级水产种质资源保护区 1 处

分　　类：贻贝目、贻贝科、股贻贝属。

分　　布：东海南部和南海沿岸均产。

常见个体：壳长 13～14cm。

形态特征：贝壳较大，壳长是壳高的 2 倍。壳顶位于贝壳的最前端，喙状。壳较薄，壳面光滑，翠绿色，前半部常呈绿褐色，生长纹细密，前端具有隆起肋。后闭壳肌退化或消失。足很小，细软。

生活习性：热带和亚热带种，对水温要求较高，多栖息于水流通畅的干潮线至水深 5～6 m 处岩石上。

学　名：*Atrina pectinate*（Linnaeus，1767）

英文名：Comb pen shell

俗　名：带子螺、油螺、鲜带子、牛耳螺、大海红、大海荞麦

栉江珧 **133**

▉已建立国家级水产种质资源保护区 2 处

分　　类：贻贝目、江珧科、栉江珧属。

分　　布：东海、黄海、南海均有分布。

常见个体：壳长 25～30cm。

形态特征：贝壳极大，壳呈直角三角形，壳顶尖细，位于壳之最前端。背缘直或略弯；腹缘前半部较直，后半部逐渐突出；后缘直或略呈弓形。壳表面一般约有 10 余条放射肋，肋上具有三角形略斜向后方的小棘。壳表面多呈浅褐色或褐色。

生活习性：栖息于低潮线以下至水深 20m 的浅海泥砂质海底，是一种经济价值很高的多年生广温、广盐定居性的大型深水食用贝类。

134 合浦珠母贝

学　名：*Pinctada fucata martensii*（Dunker，1872）

英文名：Japanese pearl oyster

俗　名：马氏珠母贝

分　　类：珍珠贝目、珍珠贝科、珠母贝属。

分　　布：东海、南海均产。

常见个体：壳长 5～9cm。

形态特征：贝壳斜四方形，背缘略平直，腹缘弧形，前、后缘弓形。右壳前耳下方有明显的足丝凹陷。左壳稍凸，右壳较平。韧带黑褐色，约与铰合线等长。边缘鳞片致密，末端稍翘起。

生活习性：生活在热带、亚热带海区，自然栖息于水温 10℃ 以上的内湾或近海海底 10 m 以内。成体终生以足丝附着在岩礁石砾上生活，适宜水温范围为 10～35℃，适宜盐度为 16～35。以摄食浮游植物和小型的浮游动物为主。

学　名：*Chlamys farreri*（Jones et Preston，1904）

英文名：Farrer's scallop

俗　名：干贝蛤、海扇

栉孔扇贝 135

▓已建立国家级水产种质资源保护区 5 处

分　　类：珍珠贝目、扇贝科、栉孔扇贝属。

分　　布：我国北部沿海均产。

常见个体：壳长 7.4cm。

形态特征：贝壳较大，两壳大小及两侧均略对称，右壳较平，左壳较凸。前耳比后耳大，略成直角等腰三角形。左耳前耳略呈三角形，右耳前耳略呈长方形，其腹面有一凹陷，与左耳前耳形成一孔，即为栉孔。贝壳表面一般为紫褐色、淡褐色、黄褐色、红褐色、杏黄色及灰白色等。

生活习性：生活在低潮线以下，水深 10～30m 的岩礁或有贝壳沙砾的硬质海底。最适生长温度范围为 15～20℃，最适盐度范围为 23～34。滤食海水中的单细胞藻类和有机碎屑以及其他小型微生物。

136 **长牡蛎**

学　名：*Crassostrea gigas*（Thunberg，1793）
英文名：Giant pacific oyster
俗　名：生蚝、白耗、海蛎子、蛎黄、蚵、太平洋牡蛎

■已建立国家级水产种质资源保护区 2 处

分　　类：珍珠贝目、牡蛎科、牡蛎属。

分　　布：我国沿海均有分布。

常见个体：壳长 30cm 左右。

形态特征：壳大而坚厚，长条形。背腹缘几乎平行，壳长为壳高的 3 倍左右。右壳较平，环生鳞片呈波纹状，放射肋不明显。壳表面淡紫色、灰白色或黄褐色。壳内面白色，瓷质样。壳顶内面有宽大的韧带槽。

生活习性：是广盐性、广温性的牡蛎品种，常栖息在潮间带及浅海的岩礁海底，以其左壳固定在岩石上。

学　名：*Coelomactra antiquate*（Spengler，1802）

英文名：Diphos sanguin

俗　名：海蚌、贵妃蚌、沙蛤

西施舌 **137**

▓已建立国家级水产种质资源保护区 3 处

分　　类：帘蛤目、蛤蜊科、蛤蜊属。

分　　布：我国南北沿海均产。

常见个体：壳长 5～7cm，最长能达 10cm 以上。

形态特征：壳大而薄，略呈三角形，壳表光亮，具表皮。无放射肋，生长纹细
　　　　　密明显。近腹部黄褐色，近顶部淡紫色，壳顶紫色。足部发达，
　　　　　出、入水管长，常伸出壳外，如舌状。

生活习性：埋栖于潮间带下区及浅海的沙滩中。落潮时钻入沙下 6～7cm 深处
　　　　　躲藏，涨潮后钻出沙层捕食海藻及浮游生物。

138　缢蛏

学　名：*Sinonovacula constricta*（Lamarck，1818）

英文名：Constricted tagelus

俗　名：土蛏、海蛏、蛏子、青子、竹蚶

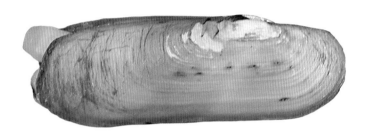

■已建立国家级水产种质资源保护区 4 处

分　　类：帘蛤目、竹蛏科、缢蛏属。

分　　布：我国沿海均有分布。

常见个体：壳长 4～6cm。

形态特征：贝壳细长，双壳对称，壳顶位于背缘略靠前方，壳表生长纹明显。壳面被黄褐色外皮，部分受摩擦脱落而呈白色。外壳中央稍靠前方有一条自壳顶至腹缘微凹的斜沟，似缢痕。

生活习性：生活于河口或有少量淡水流入的内湾。适温范围 8 ～30℃，广盐性。以浮游硅藻和有机碎屑为食。

学　名：*Meretrix meretrix*（Linnaeus，1758）

英文名：Asiatic hard clam

俗　名：车螺、花蛤、黄蛤、海蛤、蚶仔、粉蛲

文蛤 139

■已建立国家级水产种质资源保护区 4 处

分　　类：帘蛤目、帘蛤科、文蛤属。

分　　布：黄海、渤海、东海、南海沿岸均有分布。

常见个体：壳长 4～7cm。

形态特征：贝壳略呈三角形，腹缘呈圆形，壳质坚厚。大型常见个体通常在背部有锯齿状或波纹状花纹。喜生活在有淡水注入的内湾及河口附近的细沙质海滩，靠斧足的钻掘作用有潜沙习性。

生活习性：广温性半咸水贝类，耐干燥能力较强，以微小的浮游或底栖硅藻为主要饵料。

140 菲律宾蛤仔

学　名：*Ruditapes philippinarum* （Adams et Reeve，1850）

英文名：Short-necked clam

俗　名：蛤仔、既子、砂规子、蛤蜊、花蛤

分　　类：帘蛤目、帘蛤科、蛤仔属。

分　　布：我国南北沿海均有分布。

常见个体：壳长 2～5cm。

形态特征：贝壳呈卵圆形，贝壳小而薄，壳质坚厚、膨胀。壳面有细密的放射肋，顶端极细弱，至腹面逐渐加粗，与同心生长纹交错形成布纹状。放射肋细密，位于前、后部的较粗大，贝壳表面有棕色、深褐色、密集褐色或赤褐色组成的斑点或花纹。

生活习性：属广温、广盐、广布性贝类，埋栖生活在潮间带下区至数米水深的沙、泥及泥沙质海区，以发达的斧足挖掘砂泥营穴居生活。

学　名：*Hyriopsis cumingii*（Lea）
英文名：Triangle sail mussel
俗　名：河蚌、珍珠蚌、三角蚌、劈蚌

三角帆蚌 141

■已建立国家级水产种质资源保护区 5 处

分　　类：蚌目、蚌科、帆蚌属。

分　　布：湖南、湖北、安徽、江苏、浙江、江西等省湖泊中均产。

常见个体：壳长 19cm。

形态特征：壳大而扁平，壳面黑色或棕褐色，厚而坚硬，后背缘向上伸出一帆
　　　　　状后翼，使蚌形呈三角状。后背脊有数条由结节突起组成的斜行粗
　　　　　肋。珍珠层厚，光泽强。雌雄异体。

生活习性：栖息于浅滩泥质底或浅水层中，营埋栖生活，靠伸出斧足来活动。
　　　　　属被动摄食的动物，籍外界进入体内的水流所带来的食物为营养，
　　　　　其食性主要以小型浮游生物为主。

142 褶纹冠蚌

学　名：*Cristaria plicata*（Leach）
俗　名：河蚌、珍珠蚌、三角蚌、劈蚌

■已建立国家级水产种质资源保护区 4 处

分　　类：蚌目、蚌科、无齿蚌属。

分　　布：我国的江河、湖沼均产。

常见个体：壳长 29cm。

形态特征：壳厚大，外形略似不等边三角形。前部短而低，后部长高，后背缘
向上斜出伸展成为大型的冠。壳的后背部自壳顶起向后有一系列逐
渐粗大的纵肋。成体的冠常仅留残痕，幼体的贝壳一般完整。

生活习性：底层生活的滤食性双壳类，栖息于河流、湖泊、沟渠及池塘等水体
淤泥中，主要以水中的微小生物及有机碎屑等为食。

学　名：*Corbicula fluminea*（Miiller）

英文名：Asian Clam

俗　名：黄蚬、金蚬、扁螺

河蚬 143

■已建立国家级水产种质资源保护区 7 处

分　　类：帘蛤目、蚬科、蚬属。

分　　布：我国内陆水域均产。

常见个体：壳长 4cm。

形态特征：中等大小，呈圆底三角形，壳高与壳长相近似。壳面有光泽，颜色因环境而异，常呈棕黄色、黄绿色或黑褐色。壳面有粗糙的环肋。韧带短，突出于壳外。两壳膨胀。壳顶高，稍偏向前方。铰合部发达。闭壳肌痕明显，外套痕深而显著。

生活习性：适宜在水流畅通、流势缓慢的水域繁殖和生长。通常在 20～50 cm的水底（底质多为沙、沙泥）营穴居生活，摄食经鳃过滤的浮游生物。

144 梅花参

学　名：*Thelenota ananas*（Jaeger，1833）
英文名：Prichly renfish
俗　名：凤梨参

分　　类：楯手目、刺参科、梅花参属。

分　　布：南海诸岛海域均产。

常见个体：体长 60～70cm。

形态特征：形似长圆筒状，背面的肉刺很大，每 3～11 个肉刺的基部连在一
　　　　　起，有点像梅花瓣状，其间夹生小肉刺。背面色彩艳丽，呈现橙黄
　　　　　色或橙红色，点缀黄色和褐色斑点。

生活习性：多生活在有少量海草、堡礁的沙底，以小生物为食，它的泄殖腔内
　　　　　长有一种隐鱼共生。有夏眠习惯。是海参中最大的一种，故名"海
　　　　　参之王"。

学　名：*Stichopus japonicus*

英文名：Sea cucumber

俗　名：辽参、沙口巽

刺参 145

■已建立国家级水产种质资源保护区 10 处

分　　类：楯手目、刺参科、刺参属。

分　　布：山东沿海、辽东半岛沿海均产。

常见个体：体长 20～40cm。

形态特征：体呈圆筒状，前端口周生有 20 个触手。背面略隆起，背面有 4～6 行不规则的大小圆锥形肉刺，腹面平坦，管足密挤，排列成 3 条不规则的纵带。口周围具触手 20 个。体色有黄褐、黑褐、绿褐、纯白或灰白等。

生活习性：喜栖水流缓稳、海藻丰富的细沙海底和岩礁底。夏季水温高时行夏眠。环境不适时有排脏现象。再生力很强，损伤或被切割后都能再生。

146

马粪海胆

学　名：*Hemicentrotus pulcherrimus*（A. Agassiz）
英文名：Green sea urchin
俗　名：刺锅子、海刺猬、海底树球、龙宫刺猬

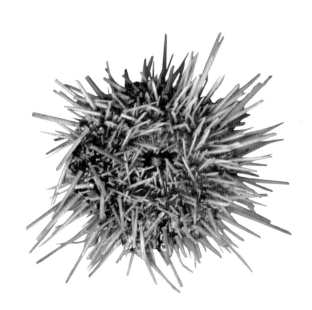

分　　类：脊齿目、球海胆科、马粪海胆属。

分　　布：黄海、渤海和东海沿海均产。

常见个体：直径 30～40cm。

形态特征：壳坚固，半球形。反口面低，略隆起，口面平坦。步带区与间步带
　　　　　区幅宽相等，壳形自口面观为接近于圆形的圆滑正五边形。成体体
　　　　　表面大多呈暗绿色或灰绿色，壳面有棘，密生于壳的表面。

生活习性：栖息于岩石虾礁缝中，借助于管足和棘的运动在海底匍匐，运动速
　　　　　度较缓慢。

学　名：*Anthocidaris crassispina*（A. Agassiz）
英文名：Purple sea urchin
俗　名：黑海胆

紫海胆 147

▓已建立国家级水产种质资源保护区 3 处

分　　类：拱齿目、长海胆科、紫海胆属。

分　　布：我国浙江、福建、台湾、广东和海南等省沿海。

常见个体：直径 6～7cm。

形态特征：体半球形，口面平坦，外层为坚固的壳。大棘强大，末端尖锐，长度约等于壳径。步带的管足 7～8 对，排列成弧形。步带和间带各有大疣两纵行，其两侧各有中疣 1 纵行，沿步带和间步带的中线有交错排列的中疣纵行。全体黑紫色，口面的棘多带斑纹。

生活习性：生活在水深 3～70m、大型海藻类生长繁盛的岩礁区，喜栖于岩礁的背光处或石缝间，常在栖息处钻洞，并藏在其中。借肋管足和棘的运动在海底匍匐，晨光、昼伏夜出。适宜水温 15～30℃，适宜生长盐度 25～30。

148 **海蜇**

学 名：*Rhopilema esculentum*（Kishinouye）
英文名：Jelly-fish
俗 名：水母、海僧帽

■ 已建立国家级水产种质资源保护区 1 处
■ 增殖放流适宜区域：海水物种，渤海、黄海、东海
■ 增殖放流功能定位：渔民增收
　 部分省市实施了海蜇专项捕捞许可制度

分　　类：根口水母目、根口水母科、海蜇属。

分　　布：南北各海均产。

常见个体：伞径 30～60cm。

形态特征：蜇体呈伞盖状，通体呈半透明，白色、青色或微黄色。体色变化很大，多为青蓝色，也有呈暗红色或黄褐色。海蜇伞径可超过 45cm，最大可达 1 m 之巨，下方口腕处有许多棒状和丝状触须，上有密集刺丝囊，能分泌毒液。

生活习性：沿岸暖水性的大型水母，大多生活于河口附近，自泳能力很差，对盐度很敏感，随潮汐、风向、海流而漂浮。以矽藻和微小的动物及幼虫为食。

学　　名：*Trionyx sinensis*（Wiegmann，1834）
英文名：Chinese softshell turtle
俗　　名：鳖、甲鱼、元鱼、王八、团鱼、脚鱼、水鱼

中华鳖 **149**

■已建立国家级水产种质资源保护区 19 处
■增殖放流适宜区域：淡水广布种，除青藏高原和新疆外的其他水域
　增殖放流功能定位：渔民增收、恢复种群

分　　类：龟鳖目、鳖科、鳖属。
分　　布：我国江河湖沼广泛分布。
常见个体：背甲长 10～20cm，全长 19～35cm。
形态特征：通体被柔软的革质皮肤，无角质盾片。体躯扁平，呈椭圆形。吻端
　　　　　延长呈管状，具长的肉质吻突，约与眼径相等。眼小，位于鼻孔的
　　　　　后方两侧。口无齿，脖颈细长，呈圆筒状。头部粗大，前端略呈三
　　　　　角形。背甲暗绿色或黄褐色。
生活习性：生活于水流平缓、鱼虾繁生的淡水水域。能在陆地上爬行、攀登，
　　　　　也能在水中自由游泳。喜食鱼虾、昆虫等，也食水草、谷类等植物
　　　　　性饵料。

150 **乌龟**

学　名：*Chinemys reevesii*（Gray，1831）
英文名：Turtle
俗　名：金龟、草龟、泥龟

■已建立国家级水产种质资源保护区 4 处

分　　类：龟鳖目、淡水龟科、乌龟属。

分　　布：我国各地均有。

常见个体：背壳长 10～12cm。

形态特征：壳略扁平，背腹甲固定而不可活动，有 3 条纵向的隆起。头和颈侧
　　　　　面有黄色线状斑纹，四肢略扁平，指间和趾间均具全蹼，除后肢
　　　　　第 5 枚外，指趾末端皆有爪。

生活习性：一般生活在河、湖、沼泽、水库和山涧中，有时也上岸活动。以蠕
　　　　　虫、螺类、虾及小鱼等为食，也吃植物的茎叶。属两栖变温动物，
　　　　　冬天进入冬眠状态。

学　名：*Porphyra haitanensis*
英文名：Laver
俗　名：紫菜、乌菜

坛紫菜 **151**

分　　类：红毛菜目、红毛菜科、紫菜属。

分　　布：福建、浙南沿海养殖。

常见个体：长 30～40cm。

形态特征：分叶、叶柄和团着器三部分，叶状体呈长叶片状，基部宽大，梢部
　　　　　渐失，叶薄似膜，边缘有少许雏格，为绿色、棕绿色或棕红色，加
　　　　　工后的紫菜均呈深紫色，富光泽。

生活习性：生长在浅海潮间带的岩石上。

152 条斑紫菜

学　名：*Porphyra yezoensis*（Ueda）
英文名：Laver
俗　名：紫菜、乌菜

分　　类：红毛菜目、红毛菜科、紫菜属。

分　　布：产于长江以北。

常见个体：长 12～30cm。

形态特征：藻体长卵形，为紫红色或略带绿色。最显著特点是淡黄色精子囊群
　　　　　呈长条或长块状，藻体雌雄同株，混杂在深紫色的果孢子囊区域中
　　　　　而呈花条斑纹状。加工后的紫菜均呈深紫色，富光泽。

生活习性：栖于海岸线或潮间带潮位、水流适宜、营养盐丰富，海水比重适中
　　　　　的滩涂水域。

学　　名：*Gelidium amansii*（Lamx）

英文名：Gelidium

俗　　名：海冻菜、红丝、凤尾、琼胶、洋菜

石花菜　153

▇已建立国家级水产种质资源保护区 1 处

分　　类：石花菜目、石花菜科、石花菜属。

分　　布：黄海、渤海、东海等海域均产。

常见个体：株高 10～30cm。

形态特征：藻体分主枝、分枝、小枝，直立丛生。枝体扁平，分枝渐细，呈线
　　　　　状互生、对生，枝端急尖。主枝基部是固着器。藻体紫红色或棕红
　　　　　色，颜色随海区环境、光照的不同而有变化。成品通体透明，犹如
　　　　　胶冻。

生活习性：属暖温性海藻，在我国分布在中心（区），在太平洋和大西洋的暖
　　　　　流沿岸。

154

细基江蓠

学　名：*Gracilaria tenuistipitata*（V. liui）
俗　名：细江蓠、细基龙须菜

分　　类：杉藻目、江篱科、江蓠属。

分　　布：福建、广东、广西及海南各省沿海。

常见个体：株高 20～40cm。

形态特征：其藻体单生或丛生，线形，圆柱状，基部非常纤细，具有一个小盘
　　　　　状固着器；新鲜时肉红色；质地极脆易断，软骨质。长有许多柔弱
　　　　　的小枝，枝径 0.25mm。

生活习性：热带性海藻，生长在有淡水流入的内湾泥沙滩上，附生在沙粒和各
　　　　　种贝壳上。

学　　名：*Eucheuma okamurai*（Yamada）

英文名：agar-agar

俗　　名：海冻菜、红丝、凤尾、琼胶、洋菜

珍珠麒麟菜 **155**

分　　类：石花菜目、红翎菜科、麒麟菜属。

分　　布：我国台湾、海南等沿海均产。

常见个体：长 10～20cm。

形态特征：藻体北面黄绿色至紫红色，腹面暗红色。匍匐，主枝圆柱形或略扁，二至三回叉状分枝，分枝亚圆柱形较粗短，彼此相互重叠，缠绕成团块状。枝体表面有乳头状或圆锥状突起，腹面突起较少而有多数固着器，有时在较长小枝顶端亦生出圆盘状固着器，以便互相吸附。

生活习性：生于低潮带下 2～5m 深处的珊瑚礁上。

156

海带

学　名：*Laminaria Japonica*（Areschoug）

英文名：Sea tangle

俗　名：海带菜、昆布

分　　类：海带目、海带科、海带属。

分　　布：辽宁、山东、江苏、浙江、福建及广东省北部沿海均有养殖。

常见个体：长 200～600cm。

形态特征：藻体褐色，长带状，革质。固着器假根状，柄部粗短圆柱形，柄上部为宽大长带状的叶片。在叶片的中央有两条平行的浅沟，中间为中带部，厚 2～5mm，中带部两缘较薄有波状皱褶。海带通体橄榄褐色，干燥后变为深褐色、黑褐色，上附白色粉状盐渍。

生活习性：固着器树状分支，用以附着海底岩石。生长于水温较低、水流通畅、水质肥沃的海区。

学　　名：*Undaria pinnatifida*（Suringar，1870）

英文名：Suringar

俗　　名：海芥菜

裙带菜 **157**

分　　类：海带目、翅藻科、裙带菜属。

分　　布：浙江省的舟山群岛及嵊泗岛，以及青岛和大连地区均产。

常见个体：长 100～200cm。

形态特征：外形如破的芭蕉叶扇。固着器的假根的末端略粗大，以固着在岩礁上，叶片的中部有柄部伸长而来的中肋，两侧形成羽状裂片。叶面上有许多黑色小斑点，为黏液腺细胞向表层处的开口。

生活习性：温带性海藻，它能忍受较高的水温。不仅是一种食用的经济褐藻，而且可作综合利用提取褐藻酸的原料。

158

菱

学　名：*Trapa bispinosa*（Roxb.）
英文名：Water chestnut、Water caltrop、Sing haranut
俗　名：芰、水菱、风菱、乌菱、菱角、水栗、菱实、芰实

■已建立国家级水产种质资源保护区 2 处

分　　类：桃金娘目、菱科、菱属。

分　　布：我国南方均产，特别是长江下游太湖地区和珠江三角洲最多。

常见个体：盘状叶直径约 33cm。

形态特征：一年生浮叶水生植物，主根长约数尺伸入水底泥中。叶分两类，聚生于短缩茎上。夏末初秋时花受精后便向下弯曲，没入水中，长成果实即为"菱"。嫩果色泽为青、红或紫色，老熟后硬壳呈黑色，果肉乳白色。

生活习性：喜温暖湿润、阳光充足、不耐霜冻，开花结果期要求白天温度20～30℃，夜温 15℃。

学　名：*Phragmites communis*（Trin）

英文名：Bulrush

俗　名：苇、芦、芦芽

芦苇

▓已建立国家级水产种质资源保护区 3 处

分　　类：禾本目、禾本科、芦苇属。

分　　布：我国分布较广。

常见个体：秆高 100～300cm。

形态特征：多年水生或湿生的高大禾草，生长在灌溉沟渠旁、河堤沼泽地等。植株高大，地下有发达的匍匐根状茎。节下常生白粉。叶鞘圆筒形，无毛或有细毛。圆锥花序分枝稠密，向斜伸展。具长、粗壮的匍匐根状茎，以根茎繁殖为主。

生活习性：多生于低湿地或浅水中。芦苇生长于池沼、河岸、河溪边多水地区，常形成苇塘。

160 菱白

学　名：*Zizania latifolia*（Griseb）

英文名：Wild rice stem

俗　名：水笋、菱白笋、脚白笋、菰、菰菜、篙芭

分　　类：禾本目、禾本科、菰属。

分　　布：我国分布较广。

常见个体：秆高 1～3m。

形态特征：多年生挺水型水生草本植物。具根状茎，地上茎可产生 2～3 次分
　　　　　蘖。形成蘖枝丛，秆直立，粗壮，基部有不定根。叶片扁平，长披
　　　　　针形，先端芒状渐尖，基部微收或渐窄，一般上面和边缘粗糙，下
　　　　　面光滑，中脉在背面凸起。叶鞘长而肥厚，互相抱合形成"假茎"。

生活习性：喜温暖湿润的气候，对土质要求不严，但以土层深厚、富含有机质
　　　　　的黏壤土为好。

学　名：*Oenanthe japonica*
英文名：Cress
俗　名：水英、细本山芹菜、牛草、楚葵、刀芹、蜀芹、野芹菜

水芹 **161**

分　　类：芹目、伞形科、水芹属。

分　　布：我国中部和南部栽培面积较广。

常见个体：株高70～80cm。

形态特征：水生宿根植物。根茎于秋季自倒伏的地上茎节部萌芽，形成新株，
　　　　　节间短，似根出叶，并自新根的茎部节上向四周抽生匍匐枝，再继
　　　　　续萌动生苗。伞形花序，花小，白色；不结实或种子空瘪。

生活习性：性喜凉爽，忌炎热干旱。以生活在河沟、水田旁，以土质松软、土
　　　　　层深厚肥沃、富含有机质保肥保水力强的黏质土壤为宜。

162 荸荠

学　名: *Eleocharis tuberosa* （Roem et Schult）

英文名: Water chestnut

俗　名: 马蹄、果子、乌芋、地栗、地梨、芯荠、通天草、蒲荠、钱葱

分　　类: 莎草目、莎草科、荸荠属。

分　　布: 长江以南各省广植。

常见个体: 株高 1m 左右。

形态特征: 一年生草本植物，地上呈丛生细长管状的变态茎，中空有节、无叶。花穗聚于茎端似拳。花褐色。果实为地下球茎，扁圆形，表面平滑，老熟后呈深栗色或枣红色，球茎顶端具有长约 1cm 的主芽。

生活习性: 性喜温暖湿润，不耐寒。以地下球茎繁殖，春夏间育苗栽植或直播，冬季采收。

学　名：*Sagittaria sagittifolia*
英文名：Arrowhead
俗　名：剪刀草、燕尾草、蔬卵、张口草、华夏慈姑

慈姑 163

分　　类：泽泻目、泽泻科、慈姑属。

分　　布：南北各省广植。

常见个体：株高 100～200cm。

形态特征：多年生挺水植物，地下具根茎，先端形成球茎，球茎表面附薄膜质
　　　　　鳞片，端部有较长的顶芽。叶片着生基部，出水呈截形，叶片呈箭
　　　　　头状。沉水叶呈线状，上部着生三出轮生状圆锥花序，呈白色。

生活习性：有很强的适应性，在陆地上各种水面的浅水区均能生长，喜光照充
　　　　　足、气候温和、较背风的环境，要求土壤肥沃，但土层不太深的黏
　　　　　土上生长。

164 蒲草

学　名：*Typha angustifolia*
英文名：Cattail
俗　名：水蜡烛、水烛、香蒲

■已建立国家级水产种质资源保护区 1 处

分　　类：香蒲目、香蒲科、香蒲属。

分　　布：我国东北、华北等地广布。

常见个体：株高 1.7～2m。

形态特征：水生宿根性草本植物，地下生匍匐茎，多须根，茎出水面直立。叶二列式互生，狭长线形。花黄绿色，穗状花序，似蜡烛状，花穗细长，圆柱状，花被鳞状或毛状。果为小坚果，赭褐色。

生活习性：多自生在水边或地沼内，每年春季从地下匍匐茎发芽生长，冬季遇霜后，地上部分完全枯萎，匍匐茎在土中过冬。

学　名：*Euryale ferox*（Salisb ex Konig et Sims）
英文名：Gordon Enryale

芡实 **165**

俗　名：鸡头米、卵菱、鸡头莲、鸡头实、刺莲藕、假莲藕

■已建立国家级水产种质资源保护区 1 处

分　　类：毛茛目、睡莲科、芡属。

分　　布：中国南北各省，生于池塘、湖沼中。

常见个体：浮水叶革质，椭圆肾形至圆形，直径 10～130cm。

形态特征：一年生大型水生草本。沉水叶箭形或椭圆肾形，长 4～10cm，两面无刺；叶柄无刺；盾状，有或无弯缺，全缘，下面带紫色，有短柔毛，两面在叶脉分枝处有锐刺；叶柄及花梗粗壮，长可达 25cm，皆有硬刺。

生活习性：喜温暖，不耐寒，也不耐旱。生长适宜温度范围为 20～30℃，水深 30～90cm。适宜在水流动性小的池塘、水库、湖泊和大湖湖边。以种子繁殖。

166 莲

学　名：*Nelumbo nucifera*（Gaertn Fruct et Semin，1788）

英文名：Lotus flower

俗　名：莲花、水芙蓉、藕花、芙蕖、水芝、水华、泽芝、中
国莲

■已建立国家级水产种质资源保护区 4 处

分　　类：毛茛目、睡莲科、莲属。

分　　布：除西藏自治区和青海省外，全国大部分地区都有分布。

常见个体：叶圆形直径 25～90cm，叶柄粗壮长可达 1～2m。

形态特征：属多年生水生草本花卉。地下茎长而肥厚，有长节，叶盾圆形。花
期 6～9 月，单生于花梗顶端，花瓣多数，嵌生在花托穴内，有红、
粉红、白、紫等色，或有彩纹、镶边。坚果椭圆形，种子卵形。

生活习性：性喜相对稳定的平静浅水、湖沼、泽地、池塘。荷花的需水量由其
品种而定，对失水十分敏感. 荷花还非常喜光，生育期需要全光照
的环境。

学 名 索 引

学　　名	中文名	序号
Acetes chinensis	中国毛虾	108
Ammodytes personatus	玉筋鱼	33
Anguilla japonica	鳗鲡	52
Anthocidaris crassispina	紫海胆	147
Apostichopus japonicus	刺参	145
Argyrosomus argentatus	白姑鱼	21
Aristichthys nobilis	鳙	72
Atrina pectinata	栉江珧	133
Carassius auratus	鲫	86
Channa argus	乌鳢	98
Channa maculata	斑鳢	99
Charybdis japonica	海蟳	114
Chinemys reevesii	乌龟	150
Chlamys farreri	栉孔扇贝	135
Cirrhinus molitorella	鲮	81
Cleisthenes herzensteini	高眼鲽	41
Clupea pallasii	鲱	1
Coelomactra antiquata	西施舌	137
Coilia ectenes	刀鲚	47
Coilia mystus	凤鲚	48
Collichthys lucidus	棘头梅童鱼	23
Collichthys niveatus	黑鳃梅童鱼	24
Corbicula fluminea	河蚬	143
Coregonus ussuriensis	乌苏里白鲑	55
Coreius guichenoti	圆口铜鱼	79

(续)

学　名	中文名	序号
Coreius heterodon	铜鱼	80
Crassostrea gigas	太平洋牡蛎	136
Cristaria plicata	褶纹冠蚌	142
Ctenopharyngodon idellus	草鱼	61
Culter alburnus	翘嘴鲌	63
Culter mongolicus	蒙古鲌	70
Cultrichthys erythropterus	红鳍原鲌	69
Cynoglossus semilaevis	半滑舌鳎	43
Cyprinus carpio	鲤	85
Decapterus maruadsi	蓝圆鲹	17
Eleocharis tuberosa	荸荠	162
Elopichthys bambusa	鳡	64
Engraulis japonicus	鳀	5
Epinephelus akaara	赤点石斑鱼	14
Epinephelus awoara	青石斑鱼	15
Eriocheir sinensis	中华绒螯蟹	116
Esox lucius	白斑狗鱼	59
Esox reicherti	黑斑狗鱼	58
Eucheuma okamurai	珍珠麒麟菜	155
Euryale ferox	芡实	165
Exopalaemon carinicauda	脊尾白虾	107
Exopalaemon modestus	秀丽白虾	109
Gadus macrocephalus	大头鳕	9
Gelidium amansii	石花菜	153
Glyptosternum maculatum	黑斑原鮡	94
Gracilaria tenuistipitata	细基江蓠	154
Gymnocypris przewalskii przewalskii	青海湖裸鲤	82
Haliotis discus hannai	皱纹盘鲍	124
Haliotis diversicolor	杂色鲍	125
Hemicentrotus pulcherrimus	马粪海胆	146
Hypophthalmichthys molitrix	鲢	71
Hyriopsis cumingii	三角帆蚌	141
Ilisha elongata	鳓	4

（续）

(续)

学　名	中文名	序号
Nibea albiflora	黄姑鱼	22
Octopus variabilis	章鱼（长蛸）	123
Oenanthe japonica	水芹	161
Oncorhynchus keta	大马哈鱼	53
Oratosquilla oratoria	口虾蛄	111
Pagrosomus major	真鲷	29
Pampus argenteus	银鲳	37
Pampus cinereus	灰鲳	38
Panulirus stimpsoni	中国龙虾	112
Parabramis pekinensis	鳊	68
Paralichthys olivaceus	褐牙鲆	40
Parargyrops edita	二长棘鲷	30
Pelteobagrus fulvidraco	黄颡鱼	91
Penaeus chinensis	中国对虾	102
Penaeus japonicus	竹节虾	104
Penaeus monodon	斑节对虾	105
Penaeus penicillatus	长毛对虾	103
Perna viridis	翡翠贻贝	132
Phragmites communis	芦苇	159
Pinctada martensi	合浦珠母贝	134
Platycephalus indicus	鲬	39
Porphyra haitanensis	坛紫菜	151
Porphyra yezoensis	条斑紫菜	152
Portunus trituberculatus	三疣梭子蟹	113
Procypris rabaudi	岩原鲤	87
Promicrops lanceolatus	宽额鲈	16
Protosalanx chinensis	大银鱼	57
Pseudopleuronectes yokohamae	钝吻黄盖鲽	42
Pseudosciaena crocea	大黄鱼	26

（续）

学　名	中文名	序号
Pseudosciaena polyactis	小黄鱼	27
Rachycentron canadus	军曹鱼	20
Rapana venosa	脉红螺	126
Rhopilema esculentum	海蜇	148
Ruditapes philippinarum	菲律宾蛤仔	140
Sagittaria trifolia	慈姑	163
Salvelinus malma	花羔红点鲑	54
Sardinella lemuru	金色沙丁鱼	2
Sardinops melanosticta	远东拟沙丁鱼	3
Scapharca broughtonii	魁蚶	127
Scapharca subcrenata	毛蚶	128
Schizopygopsis younghusbandi younghusbandi	拉萨裸裂尻鱼	84
Schizothorax waltoni	重口裂腹鱼	83
Scomber japonicus	鲐（日本鲭）	35
Scomberomorus niphonius	蓝点马鲛（鲅）	36
Scylla serrata	锯缘青蟹	115
Sepia esculenta	金乌贼	122
Sepiella maindroni	曼氏无针乌贼	121
Seriola dumerili	高体鰤	19
Setipinna taty	黄鲫	6
Silurus lanzhouensis	兰州鲇	90
Silurus meridionalis	大口鲇	89
Siniperca chuatsi	鳜	96
Siniperca kneri	大眼鳜	97
Sinonovacula constricta	缢蛏	138
Solenocera crassicornis	中华管鞭虾	101
Solenocera melantho	大管鞭虾	100
Sparus macrocephalus	黑鲷	31
Spinibarbus sinensis	中华倒刺鲃	77

（续）

学　名	中文名	序号
Spiniobarbus hollandi	光倒刺鲃	76
Spninibarbus denticulatus denticulatus	倒刺鲃	75
Squaliobarbus curriculus	赤眼鳟	62
Takifugu obscurus	暗纹东方鲀	51
Takifugu pseudommus	假睛东方鲀	50
Takifugu rubripes	红鳍东方鲀	49
Tegillarca granosa	泥蚶	129
Thelenota ananas	梅花参	144
Todarodes pacificus	太平洋褶柔鱼	117
Trachinocephalus myops	大头狗母鱼	7
Trachurus japonicus	竹荚鱼	18
Trachypenaeus curvirostris	鹰爪虾	106
Trapa japonica	菱	158
Trichiurus lepturus	带鱼	34
Trionyx sinensis	鳖	149
Typha angustifolia	蒲草	164
Undaria pinnatifida	裙带菜	157
Varicorhinus simus	白甲鱼	78
Xenocypris argentea	银鲷	74
Xenocypris microlepis	细鳞斜颌鲷	73
Zizania caduciflora	茭白	160

附录一

国务院关于印发《中国水生生物资源养护行动纲要》的通知

国发〔2006〕9号

各省、自治区、直辖市人民政府，国务院各部委、各直属机构：

现将农业部会同有关部门和单位制定的《中国水生生物资源养护行动纲要》印发给你们，请结合实际，认真贯彻执行。

国　务　院

二〇〇六年二月十四日

中国水生生物资源养护行动纲要

我国海域辽阔，江河湖泊众多，为水生生物提供了良好的繁衍空间和生存条件。受独特的气候、地理及历史等因素的影响，我国水生生物具有特有程度高、孑遗物种数量大、生态系统类型齐全等特点。我国现有水生生物2万多种，在世界生物多样性中占有重要地位。以水生生物为主体的水生生态系统，在维系自然界物质循环、净化环境、缓解温室效应等方面发挥着重要作用。丰富的水生生物是人类重要的食物蛋白来源和渔业发展的物质基础。养护和合理利用水生生物资源对促进渔业可持续发展、维护国家生态安全具有重要意义。为全面贯彻落实科学发展观，切实加强国家生态建设，依法保护和合理利用水生生物资源，实施可持续发展战略，根据新阶段、新时期和市场经济条件下水生生物资源养护管理工作的要求，制定本纲要。

第一部分　水生生物资源养护现状及存在的问题

一、现状

多年来，在党中央、国务院的领导下，经过各地区、各有关部门的共同努力，我国水生生物资源养护工作取得了一定成效。

（一）制定并实施了一系列养护管理制度和措施。渔业行政主管部门相继制定并组织实施了海洋伏季休渔、长江禁渔期、海洋捕捞渔船控制等保护管理制度，开展了水生生物资源增殖放流活动，加强了水生生物自然保护区建设和濒危水生野生动物救护工作；环保、海洋、水利、交通等部门也积极采取了重点水域污染防治、自然保护区建设、水土流失治理、水功能区划等有利于水生生物资源养护的措施。

（二）建立了较为完整的养护执法和监管体系。全国渔业行政及执法管理队伍按照统一领导、分级管理的原则，依法履行渔业行业管理、保护渔业资源、渔业水域生态环境和水生野生动植物、专属经济区渔业管理以及维护国家海洋渔业权益等职能。环保、海洋、水利、交通等部门也根据各自职责设立了相关机构，加强了执法监管工作，为水生生物资源养护工作提供了有效的组织保障。

（三）初步形成了与养护工作相适应的科研、技术推广和服务体系。全国从事水生生物资源养护方面研究和开发的科技人员有 13 000 多人。建立了全国渔业生态环境监测网和五个海区、流域级渔业资源监测网，对我国渔业资源和渔业水域生态环境状况进行监测和评估，为水生生物资源养护工作提供了坚实的技术支撑。

二、存在的主要问题

随着我国经济社会发展和人口不断增长，水产品市场需求与资源不足的矛盾日益突出。受诸多因素影响，目前我国水生生物资源严重衰退，水域生态环境不断恶化，部分水域呈现生态荒漠化趋势，外来物种入侵危害也日益严重。养护和合理利用水生生物资源已经成为一项重要而紧迫的任务。

（一）水域污染导致水域生态环境不断恶化。近年来，我国废水排放量呈逐年增加趋势，主要江河湖泊均遭受不同程度污染，近岸海域有机物和无机磷浓度明显上升，无机氮普遍超标，赤潮等自然灾害频发，渔业水域污染事故不断增加，水生生物的主要产卵场和索饵育肥场功能明显退化，水域生产力急剧下降。

（二）过度捕捞造成渔业资源严重衰退。我国是世界上捕捞渔船和渔民数量最多的国家，由于长期采取粗放型、掠夺式的捕捞方式，造成传统优质渔业品种资源衰退程度加剧，渔获物的低龄化、小型化、低值化现象严重，捕捞生产效率和经济效益明显下降。

（三）人类活动致使大量水生生物栖息地遭到破坏。水利水电、交通航运和海洋海岸工程建设等人类活动，在创造巨大经济效益和社会效益的同时，对水域生态也造成了不利影响，水生生物的生存条件不断恶化，珍稀水生野生动植物濒危程度加剧。

第二部分　水生生物资源养护的指导思想、原则和目标

一、指导思想

以邓小平理论和"三个代表"重要思想为指导，认真贯彻党的十六大和十六届五中全会精神，全面落实科学发展观，坚持科技创新，完善管理制度，强化保护措施，养护和合理利用水生生物资源，全面提升水生生物资源养护管理水平，改善水域生态环境，实现渔业可持续发展，促进人与自然和谐，维护水生生物多样性。

二、基本原则

（一）坚持统筹协调的原则，处理好资源养护与经济社会发展的关系。科学养护要与合理利用相结合，既服从和服务于国家建设发展的大局，又通过经济社会发展不断增强水生生物资源养护能力，做到保护中开发，开发中保护。科学调度、配置和保护水资源，强化节约资源、循环利用的生产和消费意识，在尽可能减少资源消耗和破坏环境的前提下，把保护水生生物资源与转变渔业增长方式、优化渔业产业结构结合起来，提高资源利用效率，在实现渔业经济持续、健康发展的同时，促进经济增长、社会发展和资源保护相统一。

（二）坚持整体保护的原则，处理好全面保护与重点保护的关系。将水生生物资源养护工作纳入国家生态建设的总体部署，对水生生物资源和水域生态环境进行整体性保护。同时，针对水生生物资源在水生生态系统中的主体地位和不同水生生物的特点，以资源养护为重点，实行多目标管理；在养护措施

上，立足当前，着眼长远，分阶段、有步骤地加以实施。

（三）坚持因地制宜的原则，处理好系统保护与突出区域特色的关系。根据资源的区域分布特征和养护工作面临的任务，分区确定水生生物资源保护和合理利用的方向与措施：近海海域以完善海洋伏季休渔、捕捞许可管理等渔业资源管理制度为重点，保护和合理利用海洋生物资源；浅海滩涂以资源增殖、生态养殖及水域生态保护为重点，促进海水养殖增长方式转变；内陆水域以资源增殖、自然保护区建设、水域污染防治及工程建设资源与生态补偿为重点，保护水生生物多样性和水域生态的完整性。

（四）坚持务实开放的原则，处理好立足国情与履行国际义务的关系。在实际工作中，要充分考虑我国经济社会的发展阶段，立足于我国人口多、渔民多、渔船多、资源承载重的特点，结合现有工作基础，制定切实可行的保护管理措施。同时，要负责任地履行我国政府签署或参加的有关国际公约和规定的相应义务，并学习借鉴国外先进保护管理经验。

（五）坚持执法为民的原则，处理好强化管理与维护渔民权益的关系。在制订各项保护管理措施时，既要考虑符合广大渔民的长远利益，也要考虑渔民的现实承受能力，兼顾各方面利益，妥善解决好渔民的生产发展和生活出路问题，依法维护广大渔民的合法权益。要积极采取各种增殖修复手段，增加水域生产力，提高渔业经济效益，促进渔民增收。

（六）坚持共同参与的原则，处理好政府主导与动员社会力量参与的关系。水生生物资源养护是一项社会公益事业，从水生生物资源的流动性和共有性特点考虑，必须充分发挥政府保护公共资源的主导作用，建立有关部门间各司其职、加强沟通、密切配合的水生生物资源养护管理体制。同时要加强宣传教育，提高全民保护意识，充分调动各方面的积极性，形成全社会广泛动员和积极参与的良好氛围，并通过建立多元化的投融资机制，为水生生物资源养护工作提供必要的资金保障。

三、奋斗目标

（一）近期目标。到2010年，水域生态环境恶化、渔业资源衰退、濒危物种数目增加的趋势得到初步缓解，过大的捕捞能力得到压减，捕捞生产效率和经济效益有所提高。全国海洋捕捞机动渔船数量、功率和国内海洋捕捞产量，分别由2002年年底的22.2万艘、1 270万千瓦和1 306万吨压减到19.2万艘、1 143万千瓦和1 200万吨左右；每年增殖重要渔业资源品种的苗种数量达到 200 亿尾（粒）以上；省级以上水生生物自然保护区数量达到 100 个以上；渔业水域污染事故调查处理率达到 60％以上。

（二）中期目标。到 2020 年，水域生态环境逐步得到修复，渔业资源衰退和濒危物种数目增加的趋势得到基本遏制，捕捞能力和捕捞产量与渔业资源可承受能力大体相适应。全国海洋捕捞机动渔船数量、功率和国内海洋捕捞产量分别压减到 16 万艘、1 000 万千瓦和 1 000 万吨左右；每年增殖重要渔业资源品种的苗种数量达到 400 亿尾（粒）以上；省级以上水生生物自然保护区数量达到 200 个以上；渔业水域污染事故调查处理率达到 80％以上。

（三）远景展望。经过长期不懈努力，到 21 世纪中叶，水域生态环境明显改善，水生生物资源实现良性、高效循环利用，濒危水生野生动植物和水生生物多样性得到有效保护，水生生态系统处于整体良好状态。基本实现水生生物资源丰富、水域生态环境优美的奋斗目标。

第三部分　渔业资源保护与增殖行动

渔业资源是水生生物资源的重要组成部分，是渔业发展的物质基础。针对目前捕捞强度居高不下、渔业资源严重衰退、捕捞生产效益下降、渔民收入增长缓慢的严峻形势，为有效保护和积极恢复渔业资源，促进我国渔业持续健康发展，根据《中华人民共和国渔业法》、农业部《关于 2003—2010 年海洋捕捞渔船控制制度实施意见》等有关规定，参照联合国粮食与农业组织《负责任渔业守则》的要求，实施本行动。

本行动包括重点渔业资源保护、渔业资源增殖、负责任捕捞管理三项措施：通过建立禁渔区和禁渔期制度、水产种质资源保护区等措施，对重要渔业资源实行重点保护；通过综合运用各种增殖手段，积极主动恢复渔业资源，改变渔业生产方式，提高资源利用效率，为渔民致富创造新的途径和空间；通过强化捕捞配额制度、捕捞许可证制度等各项资源保护管理制度，规范捕捞行为，维护作业秩序，保障渔业安全；通过减船和转产转业等措施，压缩捕捞能力，促进渔业产业结构调整，妥善解决捕捞渔民生产生活问题。

一、重点渔业资源保护

（一）坚持并不断完善禁渔区和禁渔期制度。针对重要渔业资源品种的产卵场、索饵场、越冬场、洄游通道等主要栖息繁衍场所及繁殖期和幼鱼生长期等关键生长阶段，设立禁渔区和禁渔期，对其产卵群体和补充群体实行重点保护。继续完善海洋伏季休渔、长江禁渔期等现有禁渔区和禁渔期制度，并在珠江、黑龙江、黄河等主要流域及重要湖泊逐步推行此项制度。

（二）加强目录和标准化管理。修订重点保护渔业资源品种名录和重要渔业资源品种最小可捕标准，推行最小网目尺寸制度和幼鱼比例检查制度。制定捕捞渔具准用目录，取缔禁用渔具，研制和推广选择性渔具。调整捕捞作业结构，压缩作业方式对资源破坏较大的渔船和渔具数量。

（三）保护水产种质资源。在具有较高经济价值和遗传育种价值的水产种质资源主要生长繁育区域建立水产种质资源保护区，并制定相应的管理办法，强化和规范保护区管理。建立水产种质资源基因库，加强对水产遗传种质资源、特别是珍稀水产遗传种质资源的保护，强化相关技术研究，促进水产种质资源可持续利用。采取综合性措施，改善渔场环境，对已遭破坏的重要渔场、重要渔业资源品种的产卵场制定并实施重建计划。

二、渔业资源增殖

（一）统筹规划、合理布局。合理确定适用于渔业资源增殖的水域滩涂，重点针对已经衰退的重要渔业资源品种和生态荒漠化严重水域，采取各种增殖方式，加大增殖力度，不断扩大增殖品种、数量和范围。合理布局增殖苗种生产基地，确保增殖苗种供应。

（二）建设人工鱼礁（巢）。制定国家和地方的沿海人工鱼礁和内陆水域人工鱼巢建设规划，科学确定人工鱼礁（巢）的建设布局、类型和数量，注重发挥人工鱼礁（巢）的规模生态效应。建立多元化投入机制，加大人工鱼礁（巢）建设力度，结合减船工作，充分利用报废渔船等废旧物资，降低建设成本。

（三）发展增养殖业。积极推进以海洋牧场建设为主要形式的区域性综合开发，建立海洋牧场示范区，以人工鱼礁为载体，底播增殖为手段，增殖放流为补充，积极发展增养殖业，并带动休闲渔业及其他产业发展，增加渔民就业机会，提高渔民收入，繁荣渔区经济。

（四）规范渔业资源增殖管理。制定增殖技术标准、规程和统计指标体系，建立增殖计划申报审批、增殖苗种检验检疫和放流过程监理制度，强化日常监管和增殖效果评价工作。大规模的增殖放流活动，要进行生态安全风险评估；人工鱼礁建设实行许可管理，大型人工鱼礁建设项目要进行可行性论证。

三、负责任捕捞管理

（一）实行捕捞限额制度。根据捕捞量低于资源增长量的原则，确定渔业资源的总可捕捞量，逐步实行捕捞限额制度。建立健全渔业资源调查和评估体系、捕捞限额分配体系和监督管理体系，公平、公正、公开地分配限额指标，积极探索配额转让的有效机制和途径。

（二）继续完善捕捞许可证制度。严格执行捕捞许可管理有关规定，按照国家下达的船网工具指标以及捕捞限额指标，严格控制制造、更新改造、购置和进口捕捞渔船以及捕捞许可证发放数量，加强对渔船、渔具等主要捕捞生产要素的有效监管，强化渔船检验和报废制度，加强渔船安全管理。

（三）强化和规范职务船员持证上岗制度。加强渔业船员法律法规和专业技能培训，逐步实行捕捞从业人员资格准入，严格控制捕捞从业人员数量。

（四）推进捕捞渔民转产转业工作。根据国家下达的船网工具控制指标及减船计划，加快渔业产业结构调整，积极引导捕捞渔民向增养殖业、水产加工流通业、休闲渔业及其他产业转移。地方各级人民政府要加大投入，落实各项配套措施，确保减船工作顺利实施。建立健全转产转业渔民服务体系，加强对转产转业渔民的专业技能培训，为其提供相关的技术和信息服务。对因实施渔业资源养护措施造成生活困难的部分渔民，当地政府要统筹考虑采取适当方式给予救助，妥善安排好他们的生活。

第四部分　生物多样性与濒危物种保护行动

生物多样性程度是衡量生态系统状态的重要标志。近年来，我国水生生物遗传多样性缺失严重，水生野生动植物物种濒危程度加剧、灭绝速度加快，外来物种入侵危害不断加大。依据《中华人民共和国野生动物保护法》《中华人民共和国渔业法》及《生物多样性公约》和《濒危野生动植物种国际贸易公约》等有关规定，为有效保护水生生物多样性，拯救珍稀濒危水生野生动植物，并履行相关国际义务，实施本行动。

本行动通过采取自然保护区建设、濒危物种专项救护、濒危物种驯养繁殖、经营利用管理以及外来物种监管等措施，建立水生生物多样性和濒危物种保护体系，全面提高保护工作能力和水平，有效保护水生生物多样性及濒危物种，防止外来物种入侵。

一、自然保护区建设

加强水生野生动植物物种资源调查，在充分论证的基础上，结合当地实际，统筹规划，逐步建立布局合理、类型齐全、层次清晰、重点突出、面积适宜的各类水生生物自然保护区体系。建立水生野生动植物自然保护区，保护白鳍豚、中华鲟等濒危水生野生动植物以及土著、特有鱼类资源的栖息地；建立水域生态类型自然保护区，对珊瑚礁、海草床等进行重点保护。加强保护区管理能力建设，配套完善保护区管理设施，加强保护区人员业务知识和技能培训，强化各项监管措施，促进保护区的规范化、科学化管理。

二、濒危物种专项救护

建立救护快速反应体系，对误捕、受伤、搁浅、罚没的水生野生动物及时进行救治、暂养和放生。根据各种水生野生动物濒危程度和生物学特点，对白鳍豚、白鲟、水獭等亟待拯救的濒危物种，制定重点保护计划，采取特殊保护措施，实施专项救护行动。对栖息场所或生存环境受到严重破坏的珍稀濒危物种，采取迁地保护措施。

三、濒危物种驯养繁殖

对中华鲟、大鲵、海龟和淡水龟鳖类等国家重点保护的水生野生动物，建立遗传资源基因库，加强种质资源保护与利用技术研究，强化对水生野生动植物遗传资源的利用和保护。建设濒危水生野生动植物驯养繁殖基地，进行珍稀濒危物种驯养繁育核心技术攻关。建立水生野生动物人工放流制度，制订相关规划、技术规范和标准，对放流效果进行跟踪和评价。

四、经营利用管理

调整和完善国家重点保护水生野生动植物名录。建立健全水生野生动植物经营利用管理制度，对捕捉、驯养繁殖、运输、经营利用、进出口等各环节进行规范管理，严厉打击非法经营利用水生野生动植物行为。根据有关法律法规规定，完善水生野生动植物进出口审批管理制度，严格规范水生野生动植物进出口贸易活动。加强水生野生动植物物种识别和产品鉴定工作，为水生野生动植物保护管理提供技术支持。

五、外来物种监管

加强水生动植物外来物种管理，完善生态安全风险评价制度和鉴定检疫控制体系，建立外来物种监控和预警机制，在重点地区和重点水域建设外来物种监控中心和监控点，防范和治理外来物种对水域生态造成的危害。

第五部分　水域生态保护与修复行动

水域生态环境是水生生物赖以生存的物质条件，水生生物及水域生态环境共同构成了水生生态系统。针对目前水生生物生存空间被大量挤占，水域生态环境不断恶化，水域生态荒漠化趋势日益明显等问题，为有效保护和修复水域生态，维护水域生态平衡，促进经济社会发展与生态环境保护相协调，依据《中华人民共和国渔业法》《中华人民共和国环境保护法》《中华人民共和国水法》《中华人民共和国水污染防治法》《中华人民共和国海洋环境保护法》和《中华人民共和国环境影响评价法》等有关法律法规，实施本行动。

本行动通过采取水域污染与生态灾害防治、工程建设资源与生态补偿、水域生态修复和发展生态养殖等措施，强化水域生态保护管理，逐步减少人类活动和自然生态灾害对水域生态造成的破坏和损失。同时，积极采取各种生物、工程和技术措施，对已遭到破坏的水域生态进行修复和重建。

一、水域污染与生态灾害防治

各地区、各有关部门要建立污染减量排放和达标排放制度，严格控制污染物向水体排放。健全水域污染事故调查处理制度，建立突发性水域污染事故调查处理快速反应机制，规范应急处理程序，提高应急处理能力，强化污染水域环境应急监测和水产品质量安全检测工作，通过实施工程、生物、技术措施，减少污染损害，通过暂停养殖纳水、严控受污染的水产品上市等应急措施，尽量降低突发事故造成的渔业损失，保障人民群众食用安全。处置突发性水域污染事故所需财政经费，按财政部《突发事件财政应急保障预案》执行。渔业行政主管部门要加强渔业水域污染事故调查处理资质管理，及时确认污染主体，科学评估渔业资源和渔业生产者损失，依法对渔业水域污染事故进行调查处理，并督促落实。完善水域生态灾害的防灾减灾体系，开展防灾减灾技术研究，提高水域生态灾害预警预报能力，积极采取综合治理措施，减轻对渔业生产、水产品质量安全和水域生态环境造成的影响。

二、工程建设资源与生态补偿

完善工程建设项目环境影响评价制度，建立工程建设项目资源与生态补偿机制，减少工程建设的负面影响，确保遭受破坏的资源和生态得到相应补偿和修复。对水利水电、围垦、海洋海岸工程、海洋倾废区等建设工程，环保或海洋部门在批准或核准相关环境影响报告书之前，应征求渔业行政主管部门意见；对水生生物资源及水域生态环境造成破坏的，建设单位应当按照有关法律规定，制订补偿方案或补救措施，并落实补偿项目和资金。相关保护设施必须与建设项目的主体工程同时设计、同时施工、同时投入使用。

三、水域生态修复

加强水域生态修复技术研究，制定综合评价和整治修复方案。通过科学调度、优化配置水资源和采取必要的工程措施，修复因水域污染、工程建设、河道（航道）整治、采砂等人为活动遭到破坏或退化的江河鱼类产卵场等重要水域生态功能区；通过采取闸口改造、建设过鱼设施和实施灌江纳苗等措施，恢复江湖鱼类生态联系，维护江湖水域生态的完整性；通过采取湖泊生物控制、放养滤食鱼类、底栖生物移植和植被修复等措施，对富营养化严重的湖泊、潮间带、河口等水域进行综合治理；通过保护红树林、珊瑚礁、海草床等，改善沿岸及近海水域生态环境；通过合理发展海水贝藻类养殖，改善海洋碳循环，缓解温室效应。

四、推进科学养殖

制定和完善水产养殖环境方面的技术标准，强化水产养殖环境监督管理。根据环境容量，合理调整养殖布局，科学确定养殖密度，优化养殖生产结构。实施养殖水质监测、环境监控、渔用药物生产审批和投入品使用管理等各项制度，加强水产苗种监督管理，实施科学投饵、施肥和合理用药，保障水产品质量安全。积极探索传统与现代相结合的生态养殖模式，建立健康养殖和生态养殖示范区，积极推广健康和生态养殖技术，减少水产养殖造成的污染。

第六部分　保障措施

一、建立健全协调高效的管理机制

水生生物资源养护是一项"功在当代、利在千秋"的伟大事业，地方各级人民政府要增强责任感和使命感，切实加强领导，将水生生物资源养护工作列入议事日程，作为一项重点工作和日常性工作来抓。根据本纲要确定的指导思想、原则和目标，结合本地实际，组织有关部门确保各项养护措施的落实和行动目标的实现。各有关部门各司其职，加强沟通，密切配合。要不断完善以渔业行政主管部门为主体，各相关部门和单位共同参与的水生生物资源养护管理体系。财政、发展改革、科技等部门要加大支持力度，渔业行政主管部门要认真组织落实，切实加强水生生物资源养护的相关工作，环保、海洋、水利、交通等部门要加强水域污染控制、生态环境保护等工作。

二、探索建立和完善多元化投入机制

水生生物资源养护工作是一项社会公益性事业，各级财政要在加大投入的同时，整合有关生物资源养护经费，统筹使用。同时，要积极改革和探索在市场经济条件下的政府投入、银行贷款、企业资金、个人捐助、国外投资、国际援助等多元化投入机制，为水生生物资源养护提供资金保障。建立健全水生生物资源有偿使用制度，完善资源与生态补偿机制。按照谁开发谁保护、谁受益谁补偿、谁损害谁修复的原则，开发利用者应依法交纳资源增殖保护费用，专项用于水生生物资源养护工作；对资源及生态造成损害的，应进行赔偿或补偿，并采取必要的修复措施。

三、大力加强法制和执法队伍建设

针对目前水生生物资源养护管理工作存在的主要问题，要抓紧制定渔业生态环境保护等方面的配套法规，形成更为完善的水生生物资源养护法律法规体系。不断建立健全各项养护管理制度，为本纲要的顺利实施提供法制保障。各地区要按照国务院有关规定，强化渔业行政执法队伍建设，开展执法人员业务培训，加强执法装备建设，增强执法能力，规范执法行为，保障执法管理经费，实行"收支两条线"管理，努力建设一支高效、廉洁的水生生物资源养护管理执法队伍。

四、积极营造全社会参与的良好氛围

水生生物资源养护是一项社会性的系统工程，需要社会各界的广泛支持和共同努力。要通过各种形式和途径，加大相关法律法规及基本知识的宣传教育力度，树立生态文明的发展观、道德观、价值观，增强国民生态保护意识，提高保护水生生物资源的自觉性和主动性。要充分发挥各类水生生物自然保护机构、水族展示与科研教育单位和新闻媒体的作用，多渠道、多形式地开展科普宣传活动，广泛普及水生生物资源养护知识，提高社会各界的认知程度，增进人们对水生生物的关注和关爱，倡导健康文明的饮食观念，自觉拒食受保护的水生野生动物，为保护工作创造良好的社会氛围。

五、努力提升科技和国际化水平

加大水生生物资源养护方面的科研投入，加强基础设施建设，整合现有科研教学资源，发挥各自技术优势。对水生生物资源养护的核心和关键技术进行多学科联合攻关，大力推广相关适用技术。加强全国水生生物资源和水域生态环境监测网络建设，对水生生物资源和水域生态环境进行调查和监测。建立水生生物资源管理信息系统，为加强水生生物资源养护工作提供参考依据。扩大水生生物资源养护的国际交流与合作，与有关国际组织、外国政府、非政府组织和民间团体等在人员、技术、资金、管理等方面建立广泛的联系和沟通。加强人才培养与交流，学习借鉴国外先进的保护管理经验，拓宽视野，创新理念，把握趋势，不断提升我国水生生物资源养护水平。

附录二

水生生物增殖放流管理规定

中华人民共和国农业部令　第 20 号

《水生生物增殖放流管理规定》已经 2009 年 3 月 20 日农业部第 4 次常务会议审议通过，现予发布，自 2009 年 5 月 1 日起施行。

部　长　孙政才

二〇〇九年三月二十四日

第一条　为规范水生生物增殖放流活动，科学养护水生生物资源，维护生物多样性和水域生态安全，促进渔业可持续健康发展，根据《中华人民共和国渔业法》《中华人民共和国野生动物保护法》等法律法规，制定本规定。

第二条　本规定所称水生生物增殖放流，是指采用放流、底播、移植等人工方式向海洋、江河、湖泊、水库等公共水域投放亲体、苗种等活体水生生物的活动。

第三条　在中华人民共和国管辖水域内进行水生生物增殖放流活动，应当遵守本规定。

第四条　农业部主管全国水生生物增殖放流工作。

县级以上地方人民政府渔业行政主管部门负责本行政区域内水生生物增殖放流的组织、协调与监督管理。

第五条　各级渔业行政主管部门应当加大对水生生物增殖放流的投入，积极引导、鼓励社会资金支持水生生物资源养护和增殖放流事业。

水生生物增殖放流专项资金应专款专用，并遵守有关管理规定。渔业行政主管部门使用社会资金用于增殖放流的，应当向社会、出资人公开资金使用情况。

第六条　县级以上人民政府渔业行政主管部门应当积极开展水生生物资源

养护与增殖放流的宣传教育，提高公民养护水生生物资源、保护生态环境的意识。

第七条　县级以上人民政府渔业行政主管部门应当鼓励单位、个人及社会各界通过认购放流苗种、捐助资金、参加志愿者活动等多种途径和方式参与、开展水生生物增殖放流活动。对于贡献突出的单位和个人，应当采取适当方式给予宣传和鼓励。

第八条　县级以上地方人民政府渔业行政主管部门应当制定本行政区域内的水生生物增殖放流规划，并报上一级渔业行政主管部门备案。

第九条　用于增殖放流的人工繁殖的水生生物物种，应当来自有资质的生产单位。其中，属于经济物种的，应当来自持有《水产苗种生产许可证》的苗种生产单位；属于珍稀、濒危物种的，应当来自持有《水生野生动物驯养繁殖许可证》的苗种生产单位。

渔业行政主管部门应当按照"公开、公平、公正"的原则，依法通过招标或者议标的方式采购用于放流的水生生物或者确定苗种生产单位。

第十条　用于增殖放流的亲体、苗种等水生生物应当是本地种。苗种应当是本地种的原种或者子一代，确需放流其他苗种的，应当通过省级以上渔业行政主管部门组织的专家论证。

禁止使用外来种、杂交种、转基因种以及其他不符合生态要求的水生生物物种进行增殖放流。

第十一条　用于增殖放流的水生生物应当依法经检验检疫合格，确保健康无病害、无禁用药物残留。

第十二条　渔业行政主管部门组织开展增殖放流活动，应当公开进行，邀请渔民、有关科研单位和社会团体等方面的代表参加，并接受社会监督。

增殖放流的水生生物的种类、数量、规格等，应当向社会公示。

第十三条　单位和个人自行开展规模性水生生物增殖放流活动的，应当提前 15 日向当地县级以上地方人民政府渔业行政主管部门报告增殖放流的种类、数量、规格、时间和地点等事项，接受监督检查。

经审查符合本规定的增殖放流活动，县级以上地方人民政府渔业行政主管部门应当给予必要的支持和协助。

应当报告并接受监督检查的增殖放流活动的规模标准，由县级以上地方人民政府渔业行政主管部门根据本地区水生生物增殖放流规划确定。

第十四条　增殖放流应当遵守省级以上人民政府渔业行政主管部门制定的

水生生物增殖放流技术规范，采取适当的放流方式，防止或者减轻对放流水生生物的损害。

第十五条 渔业行政主管部门应当在增殖放流水域采取划定禁渔区、确定禁渔期等保护措施，加强增殖资源保护，确保增殖放流效果。

第十六条 渔业行政主管部门应当组织开展有关增殖放流的科研攻关和技术指导，并采取标志放流、跟踪监测和社会调查等措施对增殖放流效果进行评价。

第十七条 县级以上地方人民政府渔业行政主管部门应当将辖区内本年度水生生物增殖放流的种类、数量、规格、时间、地点、标志放流的数量及方法、资金来源及数量、放流活动等情况统计汇总，于11月底以前报上一级渔业行政主管部门备案。

第十八条 违反本规定的，依照《中华人民共和国渔业法》《中华人民共和国野生动物保护法》等有关法律法规的规定处罚。

第十九条 本规定自2009年5月1日起施行。

附录三

水产种质资源保护区管理暂行办法

中华人民共和国农业部令（2011）第 1 号

《水产种质资源保护区管理暂行办法》已于 2010 年 12 月 30 日经农业部第 12 次常务会议审议通过，现予公布，自 2011 年 3 月 1 日起施行。

部　长　韩长赋

二〇一一年一月五日

第一章　总　　则

第一条　为规范水产种质资源保护区的设立和管理，加强水产种质资源保护，根据《渔业法》等有关法律法规，制定本办法。

第二条　本办法所称水产种质资源保护区，是指为保护水产种质资源及其生存环境，在具有较高经济价值和遗传育种价值的水产种质资源的主要生长繁育区域，依法划定并予以特殊保护和管理的水域、滩涂及其毗邻的岛礁、陆域。

第三条　在中华人民共和国领域和中华人民共和国管辖的其他水域内设立和管理水产种质资源保护区，从事涉及水产种质资源保护区的有关活动，应当遵守本办法。

第四条　农业部主管全国水产种质资源保护区工作。县级以上地方人民政府渔业行政主管部门负责辖区内水产种质资源保护区工作。

第五条　农业部组织省级人民政府渔业行政主管部门制定全国水产种质资源保护区总体规划，加强水产种质资源保护区建设。省级人民政府渔业行政主管部门应当根据全国水产种质资源保护区总体规划，科学制定本行政区域内水产种质资源保护区具体实施计划，并组织落实资源保护区建设和管理投入。

第六条 对破坏、侵占水产种质资源保护区的行为，任何单位和个人都有权向渔业行政主管部门或者其所属的渔政监督管理机构、水产种质资源保护区管理机构举报。接到举报的渔业行政主管部门或机构应当依法调查处理，并将处理结果告知举报人。

第二章　水产种质资源保护区设立

第七条 下列区域应当设立水产种质资源保护区：

（一）国家和地方规定的重点保护水生生物物种的主要生长繁育区域；

（二）我国特有或者地方特有水产种质资源的主要生长繁育区域；

（三）重要水产养殖对象的原种、苗种的主要天然生长繁育区域；

（四）其他具有较高经济价值和遗传育种价值的水产种质资源的主要生长繁育区域。

第八条 水产种质资源保护区分为国家级水产种质资源保护区和省级水产种质资源保护区。根据保护对象资源状况、自然环境及保护需要，水产种质资源保护区可以划分为核心区和实验区。农业部和省级人民政府渔业行政主管部门分别设立国家级和省级水产种质资源保护区评审委员会，对申报的水产种质资源保护区进行评审。水产种质资源保护区评审委员会应当由渔业、环保、水利、交通、海洋、生物保护等方面的专家组成。

第九条 设立省级水产种质资源保护区，由县、市级人民政府渔业行政主管部门征得本级人民政府同意后，向省级人民政府渔业行政主管部门申报。经省级水产种质资源保护区评审委员会评审后，由省级人民政府渔业行政主管部门批准设立，并公布水产种质资源保护区的名称、位置、范围和主要保护对象等内容。省级人民政府渔业行政主管部门可以根据需要直接设立省级水产种质资源保护区。

第十条 符合条件的省级水产种质资源保护区，可以由省级人民政府渔业行政主管部门向农业部申报国家级水产种质资源保护区，经国家级水产种质资源保护区评审委员会评审后，由农业部批准设立，并公布水产种质资源保护区的名称、位置、范围和主要保护对象等内容。农业部可以根据需要直接设立国家级水产种质资源保护区。

第十一条　拟设立的水产种质资源保护区跨行政区域或者管辖水域的，由相关区域地方人民政府渔业行政主管部门协商后共同申报或者由其共同上级渔业主管部门申报，按照本办法第九条、第十条规定的程序审批。

第十二条　申报设立水产种质资源保护区，应当提交以下材料：

（一）申报书，主要包括保护区的主要保护对象、保护价值、区域范围、管理机构、管理基础等；

（二）综合考察报告，主要包括保护物种资源、生态环境、社会经济状况、保护区管理条件和综合评价等；

（三）保护区规划方案，包括规划目标、规划内容（含核心区和实验区划分情况）等；

（四）保护区大比例尺地图等其他必要材料。

第十三条　水产种质资源保护区按照下列方式命名：

（一）国家级水产种质资源保护区：水产种质资源保护区所在区域名称＋保护对象名称＋"国家级水产种质资源保护区"。

（二）省级水产种质资源保护区：水产种质资源保护区所在区域名称＋保护对象名称＋"省级水产种质资源保护区"。

（三）具有多种重要保护对象或者具有重要生态功能的水产种质资源保护区：水产种质资源保护区所在区域名称＋"国家级水产种质资源保护区"或者"省级水产种质资源保护区"。

（四）主要保护物种属于地方或水域特有种类的保护区：水产种质资源保护区所在区域名称＋"特有鱼类"＋"国家级水产种质资源保护区"或者"省级水产种质资源保护区"。

第三章　水产种质资源保护区管理

第十四条　经批准设立的水产种质资源保护区由所在地县级以上人民政府渔业行政主管部门管理。县级以上人民政府渔业行政主管部门应当明确水产种质资源保护区的管理机构，配备必要的管理、执法和技术人员以及相应的设备设施，负责水产种质资源保护区的管理工作。

第十五条　水产种质资源保护区管理机构的主要职责包括：

（一）制定水产种质资源保护区具体管理制度；

（二）设置和维护水产种质资源保护区界碑、标志物及有关保护设施；

（三）开展水生生物资源及其生存环境的调查监测、资源养护和生态修复等工作；

（四）救护伤病、搁浅、误捕的保护物种；

（五）开展水产种质资源保护的宣传教育；

（六）依法开展渔政执法工作；

（七）依法调查处理影响保护区功能的事件，及时向渔业行政主管部门报告重大事项。

第十六条　农业部和省级人民政府渔业行政主管部门应当分别针对国家级和省级水产种质资源保护区主要保护对象的繁殖期、幼体生长期等生长繁育关键阶段设定特别保护期。特别保护期内不得从事捕捞、爆破作业以及其他可能对保护区内生物资源和生态环境造成损害的活动。特别保护期外从事捕捞活动，应当遵守《渔业法》及有关法律法规的规定。

第十七条　在水产种质资源保护区内从事修建水利工程、疏浚航道、建闸筑坝、勘探和开采矿产资源、港口建设等工程建设的，或者在水产种质资源保护区外从事可能损害保护区功能的工程建设活动的，应当按照国家有关规定编制建设项目对水产种质资源保护区的影响专题论证报告，并将其纳入环境影响评价报告书。

第十八条　省级以上人民政府渔业行政主管部门应当依法参与涉及水产种质资源保护区的建设项目环境影响评价，组织专家审查建设项目对水产种质资源保护区的影响专题论证报告，并根据审查结论向建设单位和环境影响评价主管部门出具意见。建设单位应当将渔业行政主管部门的意见纳入环境影响评价报告书，并根据渔业行政主管部门意见采取有关保护措施。

第十九条　单位和个人在水产种质资源保护区内从事水生生物资源调查、科学研究、教学实习、参观游览、影视拍摄等活动，应当遵守有关法律法规和保护区管理制度，不得损害水产种质资源及其生存环境。

第二十条　禁止在水产种质资源保护区内从事围湖造田、围海造地或围填海工程。

第二十一条　禁止在水产种质资源保护区内新建排污口。在水产种质资源保护区附近新建、改建、扩建排污口，应当保证保护区水体不受污染。

第二十二条　水产种质资源保护区的撤销、调整，按照设立程序办理。

第二十三条　单位和个人违反本办法规定，对水产种质资源保护区内的水产种质资源及其生存环境造成损害的，由县级以上人民政府渔业行政主管部门或者其所属的渔政监督管理机构、水产种质资源保护区管理机构依法处理。

第四章　附　　则

第二十四条　省级人民政府渔业行政主管部门可以根据本办法制定实施细则。

第二十五条　本办法自 2011 年 3 月 1 日起施行。

附录四

国家级水产种质资源保护区名单
（第一批至第九批）

国家级水产种质资源保护区名单（第一批 40 处）

（农业部公告第 947 号　2007 年 12 月 12 日）

编号	保护区名称	所在地区
1501	黄河鄂尔多斯段黄河鲇国家级水产种质资源保护区	内蒙古自治区
1502	额尔古纳河根河段哲罗鱼国家级水产种质资源保护区	
2201	密江河大麻哈鱼国家级水产种质资源保护区	吉林省
2202	鸭绿江集安段石川氏哲罗鱼国家级水产种质资源保护区	
2203	嫩江大安段乌苏里拟鲿国家级水产种质资源保护区	
2301	黑龙江萝北段乌苏里白鲑国家级水产种质资源保护区	黑龙江省
2302	盘古河细鳞鱼江鳕国家级水产种质资源保护区	
3201	海州湾中国对虾国家级水产种质资源保护区	江苏省
3202	太湖银鱼翘嘴红鲌秀丽白虾国家级水产种质资源保护区	
3203	洪泽湖青虾河蚬国家级水产种质资源保护区	
3204	阳澄湖中华绒螯蟹国家级水产种质资源保护区	
3205	长江靖江段中华绒螯蟹鳜鱼国家级水产种质资源保护区	
3206	蒋家沙竹根沙泥螺文蛤国家级水产种质资源保护区	
3501	官井洋大黄鱼国家级水产种质资源保护区	福建省
3601	鄱阳湖鳜鱼翘嘴红鲌国家级水产种质资源保护区	江西省

（续）

编号	保护区名称	所在地区
3701	崆峒列岛刺参国家级水产种质资源保护区	
3702	南四湖乌鳢青虾国家级水产种质资源保护区	
3703	长岛皱纹盘鲍光棘球海胆国家级水产种质资源保护区	
3704	海州湾大竹蛏国家级水产种质资源保护区	山东省
3705	莱州湾单环刺螠近江牡蛎国家级水产种质资源保护区	
3706	靖海湾松江鲈鱼国家级水产种质资源保护区	
4101	黄河郑州段黄河鲤国家级水产种质资源保护区	河南省
4102	淇河鲫鱼国家级水产种质资源保护区	
4201	梁子湖武昌鱼国家级水产种质资源保护区	湖北省
4202	西凉湖鳜鱼黄颡鱼国家级水产种质资源保护区	
4301	东洞庭湖鲤鲫黄颡鱼国家级水产种质资源保护区	
4302	南洞庭湖银鱼三角帆蚌国家级水产种质资源保护区	湖南省
4303	湘江湘潭段野鲤国家级水产种质资源保护区	
4401	西江广东鲂国家级水产种质资源保护区	
4402	上下川岛中国龙虾国家级水产种质资源保护区	
4403	石窟河斑鳠国家级水产种质资源保护区	广东省
4404	流溪河光倒刺鲃国家级水产种质资源保护区	
5301	弥苴河大理裂腹鱼国家级水产种质资源保护区	云南省
5302	南捧河四须鲃国家级水产种质资源保护区	
6201	黄河刘家峡兰州鲶国家级水产种质资源保护区	甘肃省
6301	青海湖裸鲤国家级水产种质资源保护区	青海省
6401	黄河卫宁段兰州鲶国家级水产种质资源保护区	宁夏回族自治区
6402	黄河青石段大鼻吻鮈国家级水产种质资源保护区	
0001	辽东湾渤海湾莱州湾国家级水产种质资源保护区	渤海
0002	黄河上游特有鱼类国家级水产种质资源保护区	四川、甘肃、青海

国家级水产种质资源保护区名单（第二批 63 处）

（农业部公告第 1130 号　2008 年 12 月 22 日）

编号	保护区名称	所在地区
1301	阜平中华鳖国家级水产种质资源保护区	河北省
1401	圣天湖鲇黄河鲤国家级水产种质资源保护区	山西省
1503	呼伦湖红鳍鲌国家级水产种质资源保护区	内蒙古自治区
1504	达里诺尔湖雅罗鱼国家级水产种质资源保护区	
2101	双台子河口海蜇中华绒螯蟹国家级水产种质资源保护区	辽宁省
2204	鸭绿江云峰段斑鳜茴鱼国家级水产种质资源保护区	
2205	牡丹江上游黑斑狗鱼国家级水产种质资源保护区	吉林省
2206	珲春河大麻哈鱼国家级水产种质资源保护区	
2303	黑龙江嘉荫段黑斑狗鱼雅罗鱼国家级水产种质资源保护区	
2304	松花江乌苏里拟鲿细鳞斜颌鲴国家级水产种质资源保护区	黑龙江省
2305	黑龙江李家岛翘嘴鲌国家级水产种质资源保护区	
3207	长江大胜关长吻鮠铜鱼国家级水产种质资源保护区	
3208	固城湖中华绒螯蟹国家级水产种质资源保护区	
3209	高邮湖大银鱼湖鲚国家级水产种质资源保护区	江苏省
3210	长江扬州段四大家鱼国家级水产种质资源保护区	
3211	白马湖泥鳅沙塘鳢国家级水产种质资源保护区	
3301	乐清湾泥蚶国家级水产种质资源保护区	浙江省
3401	泊湖秀丽白虾青虾国家级水产种质资源保护区	
3402	长江安庆江段长吻鮠大口鲇鳜鱼国家级水产种质资源保护区	
3403	武昌湖中华鳖黄鳝国家级水产种质资源保护区	安徽省
3404	破罡湖黄颡鱼国家级水产种质资源保护区	
3405	焦岗湖芡实国家级水产种质资源保护区	
3602	桃江刺鲃国家级水产种质资源保护区	
3603	庐山西海鳜国家级水产种质资源保护区	
3604	太泊湖彭泽鲫国家级水产种质资源保护区	江西省
3605	泸溪河大鳍鳠国家级水产种质资源保护区	
3606	抚河鳜鱼国家级水产种质资源保护区	

（续）

编号	保护区名称	所在地区
3707	泰山赤鳞鱼国家级水产种质资源保护区	
3708	马颊河文蛤国家级水产种质资源保护区	
3709	蓬莱牙鲆黄盖鲽国家级水产种质资源保护区	山东省
3710	黄河口半滑舌鳎国家级水产种质资源保护区	
3711	灵山岛皱纹盘鲍刺参国家级水产种质资源保护区	
4103	光山青虾国家级水产种质资源保护区	河南省
4104	宿鸭湖褶纹冠蚌国家级水产种质资源保护区	
4203	淤泥湖团头鲂国家级水产种质资源保护区	
4204	长湖鲌类国家级水产种质资源保护区	
4205	长江黄石段四大家鱼国家级水产种质资源保护区	湖北省
4206	汉江沙洋段长吻鮠瓦氏黄颡鱼国家级水产种质资源保护区	
4207	汉江钟祥段鳡鳍鳤鱼国家级水产种质资源保护区	
4304	南洞庭湖大口鲇青虾中华鳖国家级水产种质资源保护区	湖南省
4305	南洞庭湖草龟中华鳖国家级水产种质资源保护区	
4405	增江光倒刺鲃大刺鳅国家级水产种质资源保护区	
4406	海陵湾近江牡蛎国家级水产种质资源保护区	广东省
4407	西江赤眼鳟海南红鲌国家级水产种质资源保护区	
4501	漓江光倒刺鲃金线鲃国家级水产种质资源保护区	广西壮族自治区
4601	西沙东岛海域国家级水产种质资源保护区	海南省
5001	长江重庆段四大家鱼国家级水产种质资源保护区	重庆市
5101	大通江河岩原鲤国家级水产种质资源保护区	
5102	郪江黄颡鱼国家级水产种质资源保护区	四川省
5103	渠江黄颡鱼白甲鱼国家级水产种质资源保护区	
5104	嘉陵江岩原鲤中华倒刺鲃国家级水产种质资源保护区	
5303	元江鲤国家级水产种质资源保护区	
5304	槟榔江黄斑褶鮡拟鱼晏鱼国家级水产种质资源保护区	云南省
5305	澜沧江短须鱼芒中华刀鲇叉尾鲇国家级水产种质资源保护区	
6101	黑河多鳞铲颌鱼国家级水产种质资源保护区	陕西省
6102	黄河洽川段乌鳢国家级水产种质资源保护区	

（续）

编号	保护区名称	所在地区
6202	白水江重口裂腹鱼国家级水产种质资源保护区	
6203	洮河扁咽齿鱼国家级水产种质资源保护区	甘肃省
6204	大夏河裸裂尻鱼国家级水产种质资源保护区	
6302	扎陵湖鄂陵湖花斑裸鲤极边扁咽齿鱼国家级水产种质资源保护区	青海省
6303	玛柯河重口裂腹鱼国家级水产种质资源保护区	
0003	东海带鱼国家级水产种质资源保护区	东海
0004	北部湾二长棘鲷长毛对虾国家级水产种质资源保护区	南海

国家级水产种质资源保护区名单（第三批 57 处）

（农业部公告第 1308 号 2009 年 12 月 17 日）

编号	保护区名称	省份
1302	衡水湖国家级水产种质资源保护区	
1303	白洋淀国家级水产种质资源保护区	河北省
1304	秦皇岛海域国家级水产种质资源保护区	
1402	沁河特有鱼类国家级水产种质资源保护区	山西省
2207	松花江头道江特有鱼类国家级水产种质资源保护区	吉林省
2306	黑龙江呼玛湾特有鱼类国家级水产种质资源保护区	黑龙江省
2307	海浪河特有鱼类国家级水产种质资源保护区	
3212	骆马湖国家级水产种质资源保护区	
3213	滆湖国家级水产种质资源保护区	
3214	长荡湖国家级水产种质资源保护区	江苏省
3215	邵伯湖国家水产种质资源保护区	
3216	长漾湖国家级水产种质资源保护区	
3302	千岛湖国家级水产种质资源保护区	浙江省
3303	东西苕溪国家级水产种质资源保护区	

（续）

编号	保护区名称	省份
3406	徽水河特有鱼类国家级水产种质资源保护区	
3407	长江安庆段四大家鱼国家级水产种质资源保护区	安徽省
3408	阊江特有鱼类国家级水产种质资源保护区	
3409	城西湖国家级水产种质资源保护区	
3607	萍水河特有鱼类国家级水产种质资源保护区	
3608	万年河特有鱼类国家级水产种质资源保护区	江西省
3609	潋水特有鱼类国家级水产种质资源保护区	
3610	信江特有鱼类国家级水产种质资源保护区	
3712	靖子湾国家级水产种质资源保护区	
3713	乳山湾国家级种质资源保护区	
3714	前三岛海域国家级水产种质资源保护区	山东省
3715	小石岛刺参国家级水产种质资源保护区	
3716	桑沟湾国家级水产种质资源保护区	
4105	南湾湖国家级水产种质资源保护区	河南省
4106	丹江特有鱼类国家级水产种质资源保护区	
4208	太白湖国家级水产种质资源保护区	
4209	长江监利段四大家鱼国家级水产种质资源保护区	湖北省
4210	丹江鲌类国家级水产种质资源保护区	
4211	皤河特有鱼类国家级水产种质资源保护区	
4306	沅水特有鱼类国家级水产种质资源保护区	湖南省
4307	澧水源特有鱼类国家级水产种质资源保护区	
4408	西江肇庆段国家级水产种质资源保护区	广东省
4409	北江英德段国家级水产种质资源保护区	
4502	西江梧州段国家级水产种质资源保护区	广西壮族自治区
4602	万泉河国家级水产种质资源保护区	海南省
5002	嘉陵江合川段国家级水产种质资源保护区	重庆市
5105	梓江国家级水产种质资源保护区	
5106	仪陇河特有鱼类国家级水产种质资源保护区	四川省
5107	濛溪河特有鱼类国家级水产种质资源保护区	
5201	锦江河特有鱼类国家级水产种质资源保护区	贵州省
5202	蒙江坝王河特有鱼类国家级水产种质资源保护区	

（续）

编号	保护区名称	省份
5306	滇池国家级水产种质资源保护区	
5307	抚仙湖特有鱼类国家级水产种质资源保护区	云南省
5308	白水江特有鱼类国家级水产种质资源保护区	
6103	嘉陵江源特有鱼类国家级水产种质资源保护区	陕西省
6104	辋川河特有鱼类国家级水产种质资源保护区	
6205	永宁河特有鱼类国家级水产种质资源保护区	
6206	白龙江特有鱼类国家级水产种质资源保护区	甘肃省
6207	洮河特有鱼类国家级水产种质资源保护区	
6304	黄河尖扎段特有鱼类国家级水产种质资源保护区	青海省
6501	喀纳斯湖特有鱼类国家级水产种质资源保护区	新疆维吾尔自治区
6502	叶尔羌河特有鱼类国家级水产种质资源保护区	
0005	吕泗渔场小黄鱼银鲳国家级水产种质资源保护区	东海

国家级水产种质资源保护区名单（第四批60处）

（农业部公告第1491号　2010年11月25日）

编号	保护区名称	所在地区
1305	昌黎海域国家级水产种质资源保护区	
1306	南戴河海域国家级水产种质资源保护区	
1307	南大港国家级水产种质资源保护区	河北
1308	滦河特有鱼类国家级水产种质资源保护区	
1309	柳河特有鱼类国家级水产种质资源保护区	
1505	古列也吐湖国家级水产种质资源保护区	内蒙古
2102	三山岛海域国家级水产种质资源保护区	辽宁
2208	松花江宁江段国家级水产种质资源保护区	
2209	二龙湖国家级水产种质资源保护区	吉林
2210	西北岔河特有鱼类国家级水产种质资源保护区	
2308	松花江肇东段国家级水产种质资源保护区	
2309	黑龙江同江段国家级水产种质资源保护区	黑龙江
2310	松花江木兰段国家级水产种质资源保护区	
2311	黑龙江逊克段国家级水产种质资源保护区	

（续）

编号	保护区名称	所在地区
3217	射阳湖国家级水产种质资源保护区	江苏
3304	象山港蓝点马鲛国家级水产种质资源保护区	浙江
3410	秋浦河特有鱼类国家级水产种质资源保护区	
3411	城东湖国家级水产种质资源保护区	
3412	嬉子湖国家级水产种质资源保护区	安徽
3413	万佛湖国家级水产种质资源保护区	
3502	西溪中华鳖国家级水产种质资源保护区	福建
3611	定江河特有鱼类国家级水产种质资源保护区	江西
3612	袁河上游特有鱼类国家级水产种质资源保护区	
3717	荣成湾国家级水产种质资源保护区	
3718	套尔河口海域国家级水产种质资源保护区	
3719	千里岩海域国家级水产种质资源保护区	山东
3720	日照海域西施舌国家级水产种质资源保护区	
3721	东平湖国家级水产种质资源保护区	
4107	沙河特有鱼类国家级水产种质资源保护区	
4108	泼河特有鱼类国家级水产种质资源保护区	河南
4109	伊河特有鱼类国家级水产种质资源保护区	
4212	上津湖国家级水产种质资源保护区	
4213	花马湖国家级水产种质资源保护区	
4214	洪湖国家级水产种质资源保护区	
4215	汉江汉川段国家级水产种质资源保护区	湖北
4216	沮漳河特有鱼类国家级水产种质资源保护区	
4217	玉泉河特有鱼类国家级水产种质资源保护区	
4308	湘江衡阳段四大家鱼国家级水产种质资源保护区	湖南
4309	浏阳河特有鱼类国家级水产种质资源保护区	
4410	榕江特有鱼类国家级水产种质资源保护区	广东
4411	凌江特有鱼类国家级水产种质资源保护区	

（续）

编号	保护区名称	所在地区
5108	通河特有鱼类国家级水产种质资源保护区	
5109	嘉陵江南部段国家级水产种质资源保护区	
5110	构溪河特有鱼类国家级水产种质资源保护区	四川
5111	龙潭河特有鱼类国家级水产种质资源保护区	
5112	巴河特有鱼类国家级水产种质资源保护区	
5113	后河特有鱼类国家级水产种质资源保护区	
5309	怒江中上游特有鱼类国家级水产种质资源保护区	云南
5310	程海湖特有鱼类国家级水产种质资源保护区	
5401	巴松措特有鱼类国家级水产种质资源保护区	西藏
6105	库峪河特有鱼类国家级水产种质资源保护区	陕西
6106	汉江西乡段国家级水产种质资源保护区	
6208	黄河黑山峡段国家级水产种质资源保护区	
6209	疏勒河特有鱼类国家级水产种质资源保护区	甘肃
6210	洮河定西特有鱼类国家级水产种质资源保护区	
6305	黄河贵德段特有鱼类国家级水产种质资源保护区	青海
6403	西吉震湖特有鱼类国家级水产种质资源保护区	宁夏
6503	艾比湖特有鱼类国家级水产种质资源保护区	新疆
6504	乌伦古湖特有鱼类国家级水产种质资源保护区	
0006	西沙群岛永乐环礁海域国家级水产种质资源保护区	南海

国家级水产种质资源保护区名单（第五批 62 处）

（农业部公告第 1684 号　2011 年 12 月 8 日）

编号	保护区名称	所在地区
1310	柏坡湖国家级水产种质资源保护区	
1311	沙漳河红鳍原鲌青虾国家级水产种质资源保护区	河北
1312	永年洼黄鳝泥鳅国家级水产种质资源保护区	
2211	嫩江镇赉段国家级水产种质资源保护区	
2212	小石河冷水鱼国家级水产种质资源保护区	吉林
2213	月亮湖国家级水产种质资源保护区	

（续）

编号	保护区名称	所在地区
2312	黑龙江抚远段鲟鳇鱼国家级水产种质资源保护区	
2313	绥芬河东宁段滩头鱼大马哈鱼国家级水产种质资源保护区	黑龙江
2314	牤牛河国家级水产种质资源保护区	
2315	嫩江卧都河茴鱼哲罗鲑国家级水产种质资源保护区	
3218	宝应湖国家级水产种质资源保护区	
3219	长江如皋段刀鲚国家级水产种质资源保护区	江苏
3220	太湖青虾中华绒螯蟹国家级水产种质资源保护区	
3414	淮河淮南段长吻鮠国家级水产种质资源保护区	
3415	青龙湖光倒刺鲃国家级水产种质资源保护区	安徽
3416	龙窝湖细鳞斜颌鲴国家级水产种质资源保护区	
3503	漳港西施舌国家级水产种质资源保护区	
3504	汀江大刺鳅国家级水产种质资源保护区	福建
3505	九曲溪光倒刺鲃国家级水产种质资源保护区	
3722	广饶海域竹蛏国家级水产种质资源保护区	
3723	黄河口文蛤国家级水产种质资源保护区	山东
3724	长岛许氏平鲉国家级水产种质资源保护区	
4110	洛河鲤鱼国家级水产种质资源保护区	
4111	老鸦河花鱼骨国家级水产种质资源保护区	河南
4112	鸭河口水库蒙古红鲌国家级水产种质资源保护区	
4218	保安湖鳜鱼国家级水产种质资源保护区	
4219	鲁湖鳜鲌国家级水产种质资源保护区	
4220	五湖黄鳝国家级水产种质资源保护区	
4221	赤东湖鳊国家级水产种质资源保护区	湖北
4222	清江白甲鱼国家级水产种质资源保护区	
4223	惠亭水库中华鳖国家级水产种质资源保护区	
4310	洞庭湖口铜鱼短颌鲚国家级水产种质资源保护区	
4311	湘江刺鲃厚唇鱼华鳊国家级水产种质资源保护区	湖南
4312	沅水辰溪段鲌类黄颡鱼国家级水产种质资源保护区	
4412	新丰江国家级水产种质资源保护区	广东
4413	鉴江口尖紫蛤国家级水产种质资源保护区	

（续）

编号	保护区名称	所在地区
4503	柳江长臀鮠桂华鲮赤虹国家级水产种质资源保护区	广西
5114	渠江岳池段长薄鳅大鳍鳠国家级水产种质资源保护区	
5115	恩阳河中华鳖国家级水产种质资源保护区	
5116	李家河鲫鱼国家级水产种质资源保护区	
5117	西河剑阁段特有鱼类国家级水产种质资源保护区	
5118	南河白甲鱼瓦氏黄颡鱼国家级水产种质资源保护区	
5119	焦家河重口裂腹鱼国家级水产种质资源保护区	四川
5120	清江河特有鱼类国家级水产种质资源保护区	
5121	岷江长吻鮠国家级水产种质资源保护区	
5122	硬头河特有鱼类国家级水产种质资源保护区	
5123	濑溪河翘嘴鲌蒙古鲌国家级水产种质资源保护区	
5124	巴河岩原鲤华鲮国家级水产种质资源保护区	
5203	太平河闵孝河特有鱼类国家级水产种质资源保护区	贵州
5311	南腊河特有鱼类国家级水产种质资源保护区	云南
5312	谷拉河特有鱼类国家级水产种质资源保护区	
6107	渭河国家级水产种质资源保护区	
6108	黄河滩中华鳖国家级水产种质资源保护区	陕西
6109	褒河特有鱼类国家级水产种质资源保护区	
6211	黄河景泰段特有鱼类国家级水产种质资源保护区	
6212	嘉陵江两当段特有鱼类国家级水产种质资源保护区	甘肃
6213	冶木河羊沙河特有鱼类国家级水产种质资源保护区	
6306	格曲河特有鱼类国家级水产种质资源保护区	青海
6307	沱沱河特有鱼类国家级水产种质资源保护区	
6505	库依尔特河北极茴鱼国家级水产种质资源保护区	新疆
6506	博斯腾湖国家级水产种质资源保护区	
0007	黄河中游禹门口至三门峡段国家级水产种质资源保护区	山西省、陕西省、河南省

国家级水产种质资源保护区名单（第六批 **86** 处）

（农业部公告第 1873 号 2012 年 12 月 7 日）

编号	保护区名称	所在地区
1313	山海关海域国家级水产种质资源保护区	河北
1314	永定河中华鳖青虾黄颡鱼国家级水产种质资源保护区	
1506	甘河哲罗鱼细鳞鱼国家级水产种质资源保护区	内蒙古
1507	霍林河黄颡鱼国家级水产种质资源保护区	
2103	海洋岛国家级水产种质资源保护区	辽宁
2214	大黄泥河唇鱼骨国家级水产种质资源保护区	
2215	哈泥河东北七鳃鳗国家级水产种质资源保护区	吉林
2216	鸭绿江临江段马口鱼国家级水产种质资源保护区	
2316	松花江肇源段花鱼骨国家级水产种质资源保护区	
2317	松花江双城段鳜银鲴国家级水产种质资源保护区	黑龙江
2318	兴凯湖翘嘴鲌国家级水产种质资源保护区	
2319	乌苏里江四排段哲罗鱼鲂国家级水产种质资源保护区	
3221	如东大竹蛏西施舌国家级水产种质资源保护区	
3222	洪泽湖银鱼国家级水产种质资源保护区	
3223	骆马湖青虾国家级水产种质资源保护区	江苏
3224	太湖梅鲚河蚬国家级水产种质资源保护区	
3225	淀山湖河蚬翘嘴红鲌国家级水产种质资源保护区	
3305	庆元大鲵国家级水产种质资源保护区	浙江
3417	池河翘嘴鲌国家级水产种质资源保护区	
3418	长江河宽鳍鱲马口鱼国家级水产种质资源保护区	安徽
3419	怀洪新河太湖新银鱼国家级水产种质资源保护区	
3506	湖洋溪黑脊倒刺鲃国家级水产种质资源保护区	福建
3613	赣江峡江段四大家鱼国家级水产种质资源保护区	
3614	琴江细鳞斜颌鲴国家级水产种质资源保护区	
3615	上犹江特有鱼类国家级水产种质资源保护区	江西
3616	东江源平胸龟国家级水产种质资源保护区	

（续）

编号	保护区名称	所在地区
3725	五龙河鲤国家级水产种质资源保护区	
3726	荣成楮岛藻类国家级水产种质资源保护区	
3727	日照中国对虾国家级水产种质资源保护区	山东
3728	无棣中国毛虾国家级水产种质资源保护区	
3729	月湖长蛸国家级水产种质资源保护区	
3730	泗水桃花水母国家级水产种质资源保护区	
4113	小潢河中华鳖国家级水产种质资源保护区	
4114	汝河黄颡鱼国家级水产种质资源保护区	河南
4115	淇河鹤壁段淇河鲫鱼国家级水产种质资源保护区	
4224	王母湖团头鲂短颌鲚国家级水产种质资源保护区	
4225	武湖黄颡鱼国家级水产种质资源保护区	
4226	观音湖鳜国家级水产种质资源保护区	
4227	汉北河瓦氏黄颡鱼国家级水产种质资源保护区	
4228	杨柴湖沙塘鳢刺鳅国家级水产种质资源保护区	
4229	汉江潜江段四大家鱼国家级水产种质资源保护区	
4230	涢水翘嘴鲌国家级水产种质资源保护区	
4231	崇湖黄颡鱼国家级水产种质资源保护区	
4232	庙湖翘嘴鲌国家级水产种质资源保护区	湖北
4233	野猪湖鲌类国家级水产种质资源保护区	
4234	策湖黄颡鱼乌鳢国家级水产种质资源保护区	
4235	南海湖短颌鲚国家级水产种质资源保护区	
4236	牛浪湖鳜国家级水产种质资源保护区	
4237	猪婆湖花鱼骨国家级水产种质资源保护区	
4238	府河细鳞鲴国家级水产种质资源保护区	
4239	钱河鲇国家级水产种质资源保护区	
4313	沅水鼎城段褶纹冠蚌国家级水产种质资源保护区	
4314	东洞庭湖中国圆田螺国家级水产种质资源保护区	
4315	资水新化段鳜鲌国家级水产种质资源保护区	湖南
4316	湘江株洲段鳡鱼国家级水产种质资源保护区	
4317	耒水斑鳢国家级水产种质资源保护区	

（续）

编号	保护区名称	所在地区
4414	潭江广东鲂国家级水产种质资源保护区	广东
4415	汕尾碣石湾鲷鱼长毛对虾国家级水产种质资源保护区	
5125	消水河国家级水产种质资源保护区	
5126	大洪河国家级水产种质资源保护区	
5127	凯江国家级水产种质资源保护区	四川
5128	镇溪河南方鲇翘嘴鲌国家级水产种质资源保护区	
5129	插江国家级水产种质资源保护区	
5204	潕阳河特有鱼类国家级水产种质资源保护区	
5205	马蹄河鲇黄颡鱼国家级水产种质资源保护区	
5206	龙川河泉水鱼鳜国家级水产种质资源保护区	贵州
5207	六冲河裂腹鱼国家级水产种质资源保护区	
5208	油杉河特有鱼类国家级水产种质资源保护区	
5313	普文河特有鱼类国家级水产种质资源保护区	云南
5314	官寨河特有鱼类国家级水产种质资源保护区	
6404	沙湖特有鱼类国家级水产种质资源保护区	宁夏
5402	尼洋河特有鱼类国家级水产种质资源保护区	西藏
6110	沮河上游国家级水产种质资源保护区	
6111	丹江源国家级水产种质资源保护区	
6112	千河国家级水产种质资源保护区	陕西
6113	湑水河国家级水产种质资源保护区	
6114	甘峪河秦岭细鳞鲑国家级水产种质资源保护区	
6115	任河多鳞铲颌鱼国家级水产种质资源保护区	
6214	渭河源头特有鱼类国家级水产种质资源保护区	甘肃
6215	洮河甘南段特有鱼类国家级水产种质资源保护区	
6308	大通河特有鱼类国家级水产种质资源保护区	
6309	黑河特有鱼类国家级水产种质资源保护区	青海
6310	楚玛尔河特有鱼类国家级水产种质资源保护区	
6507	开都河特有鱼类国家级水产种质资源保护区	新疆
0008	黄河鲁豫交界段国家级水产种质资源保护区	山东省、河南省
0009	长江刀鲚国家级水产种质资源保护区	上海市、江苏省、安徽省

国家级水产种质资源保护区名单（第七批 60 处）

（农业部公告　第 2018 号　2013 年 11 月 11 日）

编号	保护区名称	所在地区
1315	沽源闪电河水系坝上高背鲫国家级水产种质资源保护区	
1316	迁西栗香湖鲤黄颡鱼国家级水产种质资源保护区	河北省
1317	曹妃甸中华绒螯蟹国家级水产种质资源保护区	
1508	绰尔河扎兰屯市段哲罗鲑细鳞鲑国家级水产种质资源保护区	内蒙古自治区
2104	大连圆岛海域国家级水产种质资源保护区	
2105	大连獐子岛海域国家级水产种质资源保护区	辽宁省
2217	松原松花江银鲴国家级水产种质资源保护区	
2218	珠尔多河洛氏鱥国家级水产种质资源保护区	吉林省
2219	和龙红旗河马苏大麻哈鱼陆封型国家级水产种质资源保护区	
2320	黄泥河方正银鲫国家级水产种质资源保护区	
2321	法别拉河鳜国家级水产种质资源保护区	黑龙江省
2322	黑龙江同江段达氏鳇国家级水产种质资源保护区	
3226	滆湖鲌类国家级水产种质资源保护区	
3227	高邮湖河蚬秀丽白虾国家级水产种质资源保护区	江苏省
3228	长江扬中段暗纹东方鲀刀鲚鲥国家级水产种质资源保护区	
3420	漫水河蒙古红鲌国家级水产种质资源保护区	
3421	登源河特有鱼类国家级水产种质资源保护区	
3422	黄姑河光唇鱼国家级水产种质资源保护区	安徽省
3423	淮河荆涂峡鲤长吻鮠国家级水产种质资源保护区	
3507	罗口溪黄尾密鲴国家级水产种质资源保护区	
3508	建溪细鳞斜颌鲴国家级水产种质资源保护区	福建省
3617	昌江刺鲃国家级水产种质资源保护区	
3618	赣江源斑鳢国家级水产种质资源保护区	江西省
3619	修水源光倒刺鲃国家级水产种质资源保护区	

（续）

编号	保护区名称	所在地区
3731	泰安黄尾密鲴国家级水产种质资源保护区	
3732	得月湖花鱼骨翘嘴鲌国家级水产种质资源保护区	
3733	马颊河翘嘴鲌大鳞副泥鳅国家级水产种质资源保护区	山东省
3734	云蒙湖大银鱼国家级水产种质资源保护区	
3735	沂河鲤青虾国家级水产种质资源保护区	
4116	板桥湖国家级水产种质资源保护区	河南省
4240	浕水鳜国家级水产种质资源保护区	
4241	王家河鲌类国家级水产种质资源保护区	
4242	堵河鳜国家级水产种质资源保护区	
4243	金家湖花鱼骨国家级水产种质资源保护区	
4244	王家大湖绢丝丽蚌国家级水产种质资源保护区	
4245	红旗湖泥鳅黄颡鱼国家级水产种质资源保护区	湖北省
4246	龙潭湖蒙古鲌国家级水产种质资源保护区	
4247	先觉庙漂水支流细鳞鲴国家级水产种质资源保护区	
4248	龙赛湖细鳞鲴翘嘴鲌国家级水产种质资源保护区	
4249	沙滩河乌鳢国家级水产种质资源保护区	
4250	望天湖翘嘴鲌国家级水产种质资源保护区	
4251	天堂湖鲌类国家级水产种质资源保护区	
4318	洣水茶陵段中华倒刺鲃国家级水产种质资源保护区	
4319	资水益阳段黄颡鱼国家级水产种质资源保护区	湖南省
4320	酉水湘西段翘嘴红鲌国家级水产种质资源保护区	
4321	澧水石门段黄尾密鲴国家级水产种质资源保护区	
4416	柚树河斑鳢国家级水产种质资源保护区	广东省
5209	龙底江黄颡鱼大口鲇国家级水产种质资源保护区	贵州省
5210	印江河泉水鱼国家级水产种质资源保护区	
5315	南汀河下游段国家级水产种质资源保护区	云南省
5403	西藏亚东鲑国家级水产种质资源保护区	西藏自治区
6116	宝鸡通关河秦岭细鳞鲑国家级水产种质资源保护区	陕西省
6117	渭河眉县段国家级水产种质资源保护区	

（续）

编号	保护区名称	所在地区
6216	甘肃宕昌国家级水产种质资源保护区	
6217	达溪河中华鳖国家级水产种质资源保护区	甘肃省
6218	张家川秦岭细鳞鲑国家级水产种质资源保护区	
6311	格尔木河国家级水产种质资源保护区	
6312	西门措国家级水产种质资源保护区	青海省
6508	哈巴河国家级水产种质资源保护区	
6509	额尔齐斯河科克苏段特有鱼类国家级水产种质资源保护区	新疆维吾尔自治区

国家级水产种质资源保护区名单（第八批 36 处）

（农业部公告第 2181 号　2014 年 11 月 26 日）

编号	保护区名称	所在地
1509	大雁河国家级水产种质资源保护区	内蒙古自治区
2220	通化哈尼河国家级水产种质资源保护区	
2221	嫩江前郭段国家级水产种质资源保护区	吉林省
2222	辉南辉发河瓦氏雅罗鱼国家级水产种质资源保护区	
2323	欧根河黑斑狗鱼国家级水产种质资源保护区	黑龙江省
3229	宜兴团氿东氿翘嘴鲌国家级水产种质资源保护区	
3230	洪泽湖秀丽白虾国家级水产种质资源保护区	江苏省
3424	黄溢河鳜虎鱼青虾国家级水产种质资源保护区	安徽省
3509	南浦溪半刺厚唇鱼国家级水产种质资源保护区	福建省
3620	德安县博阳河翘嘴鲌黄颡鱼国家级水产种质资源保护区	
3621	长江八里江段长吻鮠鲇国家级水产种质资源保护区	江西省
3736	京杭运河台儿庄段黄颡鱼国家级水产种质资源保护区	
3737	清水河河蚬国家级水产种质资源保护区	山东省
3738	淄河鲇鱼国家级水产种质资源保护区	

（续）

编号	保护区名称	所在地
4252	圣水湖黄颡鱼国家级水产种质资源保护区	
4253	琵琶湖细鳞斜颌鲴国家级水产种质资源保护区	
4254	富水湖鲌类国家级水产种质资源保护区	
4255	金沙湖鲂国家级水产种质资源保护区	
4256	胭脂湖黄颡鱼国家级水产种质资源保护区	
4257	东港湖黄鳝国家级水产种质资源保护区	湖北省
4258	南湖黄颡鱼乌鳢国家级水产种质资源保护区	
4259	汉江襄阳段长春鳊国家级水产种质资源保护区	
4260	府河支流徐家河水域银鱼国家级水产种质资源保护区	
4261	汉江郧县段翘嘴鲌国家级水产种质资源保护区	
4262	清江宜都段中华倒刺鲃国家级水产种质资源保护区	
4322	安乡杨家河段短尾鲌国家级水产种质资源保护区	
4323	永顺司城河吻鮈大眼鳜国家级水产种质资源保护区	
4324	沅水桃源段黄颡鱼黄尾鲷国家级水产种质资源保护区	湖南省
4325	沅水武陵段青虾中华鳖国家级水产种质资源保护区	
4326	浙水资兴段大刺鳅条纹二须鲃国家级水产种质资源保护区	
4327	龙山洗车河大鳍鳠吻鮈国家级水产种质资源保护区	
5130	平通河裂腹鱼类国家级水产种质资源保护区	四川省
5211	乌江黄颡鱼国家级水产种质资源保护区	贵州省
5212	芙蓉江大口鲇国家级水产种质资源保护区	
6118	西流河国家级水产种质资源保护区	陕西省
6219	黄河甘肃平川段国家级水产种质资源保护区	甘肃省

国家级水产种质资源保护区名单（第九批 28 处）

（农业部公告第 2322 号　2015 年 11 月 17 日）

编号	保护区名称	所在地
2223	白江河特有鱼类国家级水产种质资源保护区	吉林
2224	松花江吉林段七鳃鳗国家级水产种质资源保护区	
3231	洪泽湖虾类国家级水产种质资源保护区	江苏

（续）

编号	保护区名称	所在地
3425	花亭湖黄尾密鲴国家级水产种质资源保护区	安徽
3510	松溪河厚唇鱼国家级水产种质资源保护区	福建
3622	长江江西段四大家鱼国家级水产种质资源保护区	
3623	芦溪棘胸蛙国家级水产种质资源保护区	江西
3624	修河下游三角帆蚌国家级水产种质资源保护区	
4117	漯河澧河青虾国家级水产种质资源保护区	河南
4263	姚河泥鳅国家级水产种质资源保护区	
4264	大富水河斑鳜国家级水产种质资源保护区	
4265	堵河龙背湾段多鳞白甲鱼国家级水产种质资源保护区	湖北
4266	滠水河黑屋湾段翘嘴鲌国家级水产种质资源保护区	
4328	资江油溪河拟尖头舶蒙古鲌国家级水产种质资源保护区	
4329	澧水洪道熊家河段大口鲇国家级水产种质资源保护区	
4330	沅水桃花源段鲂大鳍鳠国家级水产种质资源保护区	湖南
4331	资水新邵段沙塘鳢黄尾鲴国家级水产种质资源保护区	
4332	虎渡河安乡段翘嘴鲌国家级水产种质资源保护区	
5213	翁密河特有鱼类国家级水产种质资源保护区	
5214	北盘江九盘段特有鱼类国家级水产种质资源保护区	
5215	松桃河特有鱼类国家级水产种质资源保护区	
5216	谢桥河特有鱼类国家级水产种质资源保护区	贵州
5217	马颈河中华倒刺鲃国家级水产种质资源保护区	
5218	清水江特有鱼类国家级水产种质资源保护区	
5219	西泌河云南光唇鱼国家级水产种质资源保护区	
5404	雅鲁藏布江裂腹鱼国家级水产种质资源保护区	西藏
6405	清水河原州段黄河鲤国家级水产种质资源保护区	宁夏
6510	巩乃斯河特有鱼类国家级水产种质资源保护区	新疆

附录五

农业部关于做好"十三五"水生生物
增殖放流工作的指导意见

农渔发〔2016〕11 号

"十二五"期间，在各级政府和有关部门的大力支持以及全社会的共同参与下，全国水生生物增殖放流事业快速发展，放流规模和参与程度不断扩大，产生了良好的经济效益、社会效益和生态效益。但在一些地方，也存在布局不尽合理、针对性和科学性不够强、后续监督管理不到位等问题，影响了增殖放流的整体效果。"十三五"是贯彻落实国家生态文明建设有关要求，全面实现《中国水生生物资源养护行动纲要》（以下简称《行动纲要》），以及《国务院关于促进海洋渔业持续健康发展的若干意见》（国发〔2013〕11 号）确定的水生生物资源养护目标的关键时期。为做好"十三五"水生生物增殖放流工作，提出意见如下。

一、进一步提高对增殖放流重要性的认识

"十二五"期间，各级渔业主管部门以贯彻落实《行动纲要》为契机，不断加大水生生物增殖放流工作力度。截至 2015 年年底，全国累计投入资金近 50 亿元，放流各类水生生物苗种 1 600 多亿单位；其中，2015 年全国增殖放流水生生物苗种 353.7 亿单位，放流种类近 200 种，超额完成了《全国水生生物增殖放流总体规划（2011—2015 年）》（以下简称《总体规划》）制定的年度目标。"十二五"增殖放流工作的开展，不仅促进了渔业种群资源恢复，改善了水域生态环境，增加了渔业效益和渔民收入，同时还增强了社会各界资源环境保护意识，形成了养护水生生物资源和保护水域生态环境的良好氛围。

目前，我国水生生物资源衰退和水域生态恶化的趋势并未得到根本扭转，部分水域生态荒漠化问题仍然严重，濒危物种数量仍在增加，水生生物资源养

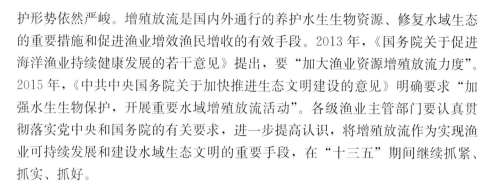

护形势依然严峻。增殖放流是国内外通行的养护水生生物资源、修复水域生态的重要措施和促进渔业增效渔民增收的有效手段。2013年，《国务院关于促进海洋渔业持续健康发展的若干意见》提出，要"加大渔业资源增殖放流力度"。2015年，《中共中央国务院关于加快推进生态文明建设的意见》明确要求"加强水生生物保护，开展重要水域增殖放流活动"。各级渔业主管部门要认真贯彻落实党中央和国务院的有关要求，进一步提高认识，将增殖放流作为实现渔业可持续发展和建设水域生态文明的重要手段，在"十三五"期间继续抓紧、抓实、抓好。

二、"十三五"增殖放流工作的指导思想和总体目标

（一）指导思想

深入贯彻党的十八大、十八届三中、四中、五中全会精神，以及党中央国务院关于生态文明建设的有关要求，以创新、协调、绿色、开放、共享的发展理念为指导，全面落实《行动纲要》、国发〔2013〕11号文件有关部署安排，围绕渔业转方式、调结构，坚持质量和数量并重、效果和规模兼顾的原则，通过采取统筹规划、合理布局、科学评估、强化监管、广泛宣传等措施，实现水生生物增殖放流事业科学、规范、有序发展，推动水生生物资源的有效恢复和可持续利用，促进水域生态文明建设和现代渔业可持续发展。

（二）总体目标

到2020年，初步构建"区域特色鲜明、目标定位清晰、布局科学合理、评估体系完善、管理规范有效、综合效益显著"的水生生物增殖放流体系。"十三五"期间，各省（区、市）增殖放流苗种数量要在2015年的基础上实现稳步增长，到2020年，全国增殖水生生物苗种数量达到《行动纲要》确定的400亿单位以上的中期目标。

各省（区、市）2020年增殖放流目标详见附表1。

三、物种选择和区域布局

（一）物种选择

增殖放流物种包括淡水广布种、淡水区域性物种、海水物种等主要经济物种，以及珍稀濒危物种。"十三五"确定全国适宜放流物种230种，其中淡水广布种21种，淡水区域性物种93种，海水物种52种，珍稀濒危物种64种（主要增殖放流物种适宜性评价详见附表2）。各省（区、市）原则上应在所列

物种范围内选择适合本地区放流物种，如确需放流不在此范围内的物种，需经省级渔业主管部门组织专家充分论证并报我部渔业渔政管理局备案。

主要增殖放流物种适宜性评价详见附表2。

（二）区域布局

综合考虑我国不同区域水域特点及水生生物资源状况，以省级行政单元为基础，将全国内陆水域划分为东北区、华北区、长江中下游区、东南区、西南区和西北区6个区，近岸海域划分为渤海、黄海、东海和南海4个区，进一步细化为35个流域和16个海区。在此基础上，全国布局重要适宜增殖放流水域419片，其中内陆6个区规划重要江河、湖泊、水库等重点水域333片，近岸海域4个区规划重要水域86片。中央财政资金原则上只支持在所列水域范围内进行的增殖放流，如确需支持其他水域的放流，需经省级渔业主管部门组织专家充分论证并报我部渔业渔政管理局备案。

不同水域增殖放流适宜性评价表详见附表3。

四、扎实做好增殖放流各项工作

（一）因地制宜，做好增殖放流规划布局

各地要以本意见为指导，结合当地实际，将增殖放流工作作为"十三五"渔业发展的重要内容，进行统筹谋划。要综合考虑区域水生生物苗种供应能力、财政支持力度、适宜水域状况等因素，明确"十三五"增殖放流发展目标。在放流物种和区域布局上，要更加注重发挥增殖放流的生态效益，突出其在水质净化、水域生态修复及生物多样性保护等方面的作用，逐步加大生态性放流的比重；要因地制宜，突出区域特色，根据境内水域和水生生物资源分布状况、特点以及生态系统类型和生物习性，结合当地渔业发展现状和增殖放流实践，科学规划适宜增殖放流的重点水域和物种；要注重与水产种质资源保护区、自然保护区、人工鱼巢、人工鱼礁及海洋牧场建设等工作相结合，形成资源养护合力，发挥更大成效；要统筹规划苗种繁育、疫病防控、种质检测以及资源环境监测等支撑能力建设，合理布局增殖苗种生产基地，为深入推进增殖放流工作提供有力保障。

（二）精心组织，做好增殖放流任务落实

各地要积极争取将水生生物资源养护工作纳入地方政府和有关生态环境保护"十三五"规划，争取中央和地方财政继续加大对水生生物资源养护的投入力度。在项目执行过程中，各地要加强组织领导，成立相应的工作领导小组和

专家组，科学制定放流实施方案并精心组织实施，确保完成放流任务。实施方案应进行科学论证，合理确定不同水域增殖放流功能定位及主要适宜放流物种、数量和结构，推进增殖放流工作科学、规范、有序进行。积极探索增殖放流活动组织实施新机制，有条件的地区可委托或组建专门机构负责增殖放流具体工作，不断提升增殖放流工作专业化水平和项目执行能力。在组织实施好增殖放流财政项目的同时，要提倡和鼓励全社会关心和支持增殖放流工作，积极寻求个人捐助、企业投入、国际援助等多种资金渠道；同时健全水生生物资源有偿使用和生态补偿机制，建立政府投入为主、社会投入为辅、各界广泛参与的多元化投入机制，为增殖放流提供有力的组织和资金保障，以实现《行动纲要》确定的中期目标。

（三）科学指导，做好增殖放流技术支撑

增殖放流是一项复杂的系统工程，科学规范的管理和健全完善的科技支撑服务是增殖放流工作顺利实施和取得实效的关键，也是推进增殖放流事业可持续发展的重要保障。目前增殖放流科技支撑服务还比较薄弱，基础性研究工作还相对滞后，这与增殖放流事业快速发展的形势不相适应。要进一步完善增殖放流科技支撑体系，为增殖放流工作提供科学规范指导。着力加强放流效果监测评估，健全增殖放流效果评估和基础数据统计机制，科学评估、充分论证增殖放流效果；加强放流物种种质鉴定和遗传多样性检测技术应用研究，为保障水域生态安全和生物多样性提供有力支撑。要进一步完善增殖放流苗种供应体系，为增殖放流持续发展提供坚实保障。强化增殖放流物种的人工繁育技术和规模化生产技术攻关，丰富增殖放流种类、扩大苗种来源；加强水产原种场、水产种质资源保护区和放流苗种供应基地建设，发挥其示范引导作用，提高苗种供应能力和苗种质量。

（四）多措并举，做好增殖放流监督管理

各级渔业主管部门要严格落实增殖放流方案申报审查制度、增殖放流生态安全风险评估制度、水产苗种招标采购制度、水产苗种检验检疫制度、放流公证公示制度、放流过程执法监管制度和放流效果评估制度，加强增殖放流事前、事中和事后的全过程监管。一要强化增殖放流水域监管，通过在增殖放流水域采取划定禁渔区和禁渔期等保护措施，强化增殖前后放流区域内有害渔具清理和水上执法检查，以确保放流效果和质量。二要强化增殖放流苗种数量监管。组织对增殖放流苗种数量开展抽查和现场核查，严厉打击虚报增殖放流苗种数量的行为。三要强化增殖放流苗种监管，加强源头管理，认真开展放流苗

种检验检疫，提高增殖放流苗种质量。严禁使用杂交种、选育种、外来种及其他不符合生态要求的水生生物物种进行增殖放流。四要强化增殖放流方式方法监管，倡导科学文明放流行为，禁止采用抛洒或"高空"倾倒的放流方式。五要强化增殖放流经费使用监管。加强增殖放流财政项目实施情况的监督检查，严格执行项目管理及政府采购等相关财务管理规章制度，对骗取、截留、挤占、滞留、挪用项目资金等行为，依照有关财务管理规定严肃追究有关单位及其责任人的责任。

（五）多方参与，做好增殖放流宣传引导

水生生物增殖放流是一项系统工程，需要社会各界的广泛参与和共同努力。各级渔业主管部门要充分发挥好增殖放流社会影响大的优势，加强宣传引导，动员更多的社会力量加入到增殖放流事业中来。一要积极开展水生生物资源养护和增殖放流宣传活动，增强公众生态环境保护意识，提高社会各界对增殖放流的认知程度和参与积极性，鼓励、引导社会各界人士广泛参与增殖放流活动。二要加强增殖放流科普教育，通过相关协会或志愿者组织，引导社会各界人士科学、规范地开展放流活动，有效预防和减少随意放流可能带来的不良生态影响。三要充分利用好增殖放流活动这一平台，创新活动组织形式，开展延伸宣传、关联宣传，让增殖放流活动同时成为一个渔业可持续发展、水域生态文明建设的宣传平台，在全社会营造关爱水生生物资源、保护水域生态环境的良好氛围。

农业部

2016 年 4 月 20 日

附表 1　淡水主要增殖放流经济物种（广布种）适宜性评价表

序号	放流物种中文名	学名	别名或俗名	分布区域	食性	功能定位
1	鲢	*Hypophthalmichthys molitrix*	白鲢	除海南岛、西北内流区、西南跨国诸国河流域、青藏高原等部分区域外的大部分水系	滤食性，以浮游植物为食	渔民增收、生物净水
2	鳙	*Aristichthys nobilis*	花鲢、胖头鱼	除东北、海南岛、西北内流区、青藏高原等部分区域外的大部分水系	滤食性，以浮游动物为食	渔民增收、生物净水
3	细鳞鲴	*Xenocypris microlepis*	沙姑子、黄尾刁、黄板鱼、细鳞斜颌鲴	除海南岛、西北内流区、西南跨国诸国河流域、青藏高原等部分区域外的大部分水系	植食性，以固着藻类、有机碎屑等为食	生物净水、渔民增收
4	黄尾鲴	*Xenocypris davidi*	黄尾、黄片、黄鱼、黄姑子	分布于黄河以南各部水系	植食性，主要刮食藻类	生物净水、渔民增收
5	草鱼	*Ctenopharyngodon idellus*	鲩、草根	除海南岛、西北内流区、西南跨国诸国河流域、青藏高原等部分区域外的大部分水系	草食性	渔民增收、生物净水
6	青鱼	*Mylopharyngodon piceus*	黑鲩、螺蛳青	除海南岛、西北内流区、西南跨国诸国河流域、青藏高原等部分区域外主要分布于江淮以南平原地区	肉食性，以螺蛳、蚌、虾和水生昆虫为食	渔民增收、恢复种群
7	鳊	*Parabramis pekinensis*	长春鳊、鳊花、草鳊	除西北内流区、西南跨国诸国河流域、青藏高原等部分区域外的大部分水系	草食性	渔民增收、生物净水
8	赤眼鳟	*Squaliobarbus curriculus*	红眼鱼、参鱼、野草鱼	除新疆、西南跨国诸国河流域、青藏高原及内蒙古内流区等部分区域外的大部分水系	杂食性，以藻类、有机碎屑，水草为食	生物净水
9	鲂	*Megalobrama skolkovii*	三角鲂、乌鳊、平胸鳊	分布于黑龙江、鸭绿江、辽河、黄河、钱塘江、闽江等水系	杂食性	渔民增收、生物净水
10	花鱼骨	*Hemibarbus maculatus*	麻叉鱼、大眼鼓、吉勾鱼	除西北内流区、西南跨国诸国河流域、青藏高原等部分区域外的大部分水系	杂食性，以水生昆虫等为食	生物净水、恢复种群

（续）

序号	放流物种中文名	学名	别名或俗名	分布区域	食性	功能定位
11	唇鱼骨	Hemibarbus labeo	竹鱼、桃花竹、重唇	除西北内流区、西南跨国诸河流域、青藏高原等部分区域外的大部分水系	杂食性	生物净水、恢复种群
12	泥鳅	Misgurnus anguillicaudatus	土鳅、鱼溜	除新疆、西藏、内蒙古占流区等部分区域外的大部分水系	杂食性	生物净水、渔民增收
13	日本沼虾	Macrobranchium nipponense	青虾、河虾	除青藏高原和新疆外的其他水域	杂食性	生物净水、渔民增收
14	中华绒螯蟹	Eriocheir sinensis	河蟹、毛蟹、大闸蟹	南北沿海江河湖泊、北自鸭绿江口、南至九龙江	杂食性	恢复种群、渔民增收
15	中华鳖	Trionyx sinensis	水鱼、甲鱼、团鱼	除青藏高原和新疆外的其他水域	肉食性为主的杂食性	恢复种群、渔民增收
16	黄颡鱼	Pelteobagrus fulvidraco	黄角丁、黄骨鱼、黄辣丁	除海南岛、青藏高原等部分区域外的大部分水域	肉食性为主的杂食性	恢复种群、渔民增收
17	翘嘴鲌	Erythroculter ilishaeformis	大白鱼、翘壳、翘嘴白鱼	除海南岛、青藏高原等部分区域外的大部分水域	凶猛肉食性	渔民增收、恢复种群
18	蒙古鲌	Erythroculter mongolicus	红梢子、红尾、红尾鲢	除海南岛、青藏高原等部分区域外的大部分水域	凶猛肉食性	渔民增收、恢复种群
19	青梢红鲌	Erythroculter dabryi	代氏鲌、青鳍子、撅嘴鲢、昂头鲌	除西北内流区、西南跨国诸河流域、青藏高原及海南岛等部分区域外的大部分水系	肉食性	恢复种群、渔民增收
20	鲇	Silurus asotus	土鲇、鲇巴郎	除新疆、青藏高原、西南跨国诸河流域外的大部分水系	凶猛肉食性	恢复种群、渔民增收
21	鳜	Siniperca chuatsi	花鲫、桂鱼、季花、翘嘴鳜	除西北内流区、西南跨国诸河流域、青藏高原、海南等部分区域外的大部分水域	凶猛肉食性	渔民增收

备注：淡水广布种是指具有重要经济价值，除局部区域外广泛分布于国内各水域的物种。

附表 2 淡水主要增殖放流经济物种（区域性物种）适宜性评价表

序号	放流物种中文名	学名	别名或俗名	分布区域	食性	功能定位
1	瓦氏雅罗鱼	Leuciscus waleckii	渭子鱼、华子鱼、白鱼	东北、内蒙古及黄河中游	杂食性	恢复种群、渔民增收
2	滩头雅罗鱼	Leuciscus brandti	滩头鱼、三块鱼、远东雅罗鱼、大红线、勃氏雅罗鱼	绥芬河、图们江流域	杂食性	恢复种群、渔民增收
3	珠星雅罗鱼	Leuciscus hakonensis	冬狗子、黄盖	绥芬河、图们江流域	杂食性	恢复种群、渔民增收
4	怀头鲇	Silurus soldatovi	怀子、六须鲇、东北大口鲇	黑龙江、辽河水系	凶猛肉食性	恢复种群
5	江鳕	Lota lota	山鳕、山鲇	黑龙江、图们江、鸭绿江及额尔齐河流域	凶猛肉食性	恢复种群
6	大麻哈鱼	Oncorhynchus keta	北鳟、大发哈鱼、罗锅鱼、麻糕鱼	黑龙江水系、图们江、绥芬河	凶猛肉食性	恢复种群
7	乌苏里拟鲿	Pseudobagrus ussuriensis	乌苏里鮰、牛尾巴、回鲤	黑龙江、辽河、黄河水系	肉食性	恢复种群
8	黑斑狗鱼	Esox reicherti	鸭鱼、鸭子鱼、河狗	黑龙江水系、绥芬河	凶猛肉食性	保护特有鱼类
9	兰州鲇	Silurus lanzhouensis	黄河鲇	黄河上游	肉食性	恢复种群、渔民增收
10	大鳍鼓鳔鳅	Hedinichthys yarkandensis macroptera	大头鱼	内蒙古额济纳河及居延海	凶猛肉食性	恢复种群、渔民增收
11	泉水鱼	Pseudogyrincheilus procheilus	油鱼	长江上游干支流及珠江水系西江中上游	植食性，主要刮食藻类	保护特有鱼类

（续）

序号	放流物种中文名	学名	别名或俗名	分布区域	食性	功能定位
12	黑尾近红鲌	*Ancherythroculter nigrocauda*	黑尾、黑尾刁	长江上游干支流	肉食性为主的杂食性	恢复种群、渔民增收
13	团头鲂	*Megalobrama amblycephala*	武昌鱼	长江中、下游湖泊	草食性	渔民增收
14	瓦氏黄颡鱼	*Pelteobaggrus vachelli*	江黄颡、硬角黄腊丁、郎丝、江颡	长江水系干支流	肉食性为主的杂食性	恢复种群、渔民增收
15	白甲鱼	*Onychostoma sima*	白甲、爪流子、泥鲮、帅鱼、雪鲮	长江中上游及珠江流域	植食性、主要刮食藻类	生物净水、渔民增收
16	湘华鲮	*Similabeo decorus tungting*	龙鱼、龙狗鱼、青鱼	湘、资、沅、澧四水中上游	植食性、主要刮食藻类	保护特有鱼类
17	中华倒刺鲃	*Spinibarbus sinensis*	青波、乌鳞、青板	长江上游干支流	植食性为主的杂食性	恢复种群、渔民增收
18	厚颌鲂	*Megalobrama pellegrini*	乌鳊	长江上游干支流	杂食性	保护特有鱼类
19	湖南吻鮈	*Rhinogobio hunanensis*	齿耙鱼、乌爪子、刷把子、坨条	沅江上游	杂食性	保护特有鱼类
20	中华沙鳅	*Botia superciliaris*	沙泥鳅、龙丁、玄鱼子	长江中上游干支流	杂食性	保护特有鱼类
21	长吻鮠	*Leiocassis longirostris*	鮰、江团、肥沱、肥王鱼、习鱼	长江流域、淮河流域	肉食性	恢复种群、渔民增收
22	圆口铜鱼	*Coreius guichenoti*	水密子、方头、肥沱、麻花鱼	长江上游干支流	杂食性	恢复种群
23	南方鲇	*Silurus meridionalis*	南方大口鲇、大口鲇、河鲇、瓦子鱼、大鲇、江鲇	主产于长江水系的大江河中，闽江和珠江也有少量分布	凶猛肉食性	恢复种群、渔民增收

（续）

序号	放流物种中文名	学名	别名或俗名	分布区域	食性	功能定位
24	大鳍鳠	*Mystus macropterus*	江鼠、石板头、石扁头、岩扁头、石胡子	长江水系干支流	肉食性	保护特有鱼类
25	华鲮	*Similabeo rendahli*	青龙棒、桃花棒、野鲮子、伦氏孟加拉鲮、沉香鱼	长江上游干支流	植食性，主要刮食藻类	恢复种群、渔民增收
26	大鳞白鲢	*Hypophthalmichthys harmandi*	大鳞鲢、松涛鳙、南鱼	海南岛南渡江和元江水系	滤食性，以浮游植物为食	保护特有鱼类
27	南方白甲鱼	*Onychostoma gerlachi*	香榄鱼、红尾榄、平头榄、滩头鲮、齐口鲮、石鲮	珠江、元江、澜沧江流域及海南岛	植食性，主要刮食藻类	保护特有鱼类
28	倒刺鲃	*Spinibarbus denticulatus*	青竹鲤、竹鲃鲤、青勒鲤、黄冠鱼、绢鱼、火绢、锯倒刺鲃	珠江、元江流域及海南岛	植食性	恢复种群、渔民增收
29	鲮	*Cirrhinus molitorella*	土鲮、鲮公、雪鲮、花鲮	珠江流域及海南岛	植食性	渔民增收
30	桂华鲮	*Similabeo decorus decorus*	青衣、扁青衣、沉香鱼	珠江水系西江和北江	植食性	保护特有鱼类
31	光倒刺鲃	*Spinibarbus hollandi*	刺鲃、青棍、光眼鱼、黄娟、光鱼、军鱼、黑脊倒刺鲃	长江中下游、钱塘江、闽江、珠江、元江和海南岛	杂食性	保护特有鱼类
32	胡子鲇	*Clarias fuscus*	土虱、角鱼、塘虱鱼	长江以南各水系及海南岛	肉食性	渔民增收、恢复种群
33	海南红鲌	*Erythroculter pseudobrevicauda*	翘嘴鱼、拗颈、昂石包、利顺	海南岛及珠江水系	肉食性	恢复种群、渔民增收
34	大刺鳅	*Mastacembelus armatus*	纳锥、石锥、粗麻割、辣椒鱼、刀枪鱼	长江以南各水系及海南岛水系	杂食性	恢复种群
35	广东鲂	*Megalobrama hoffmanni*	花鳊、真扁鱼、河鳊	珠江和海南岛水系	杂食性	渔民增收、恢复种群

（续）

序号	放流物种中文名	学名	别名或俗名	分布区域	食性	功能定位
36	光唇鱼	Acrossocheilus fasciatus	罗丝鱼、溪石斑鱼、薄鳍光唇鱼	长江中下游支流及钱塘江水系	植食性，主要刮食藻类	恢复种群
37	半刺厚唇鱼	Acrossocheilus hemispinus	石板、坑鱼、厚唇鱼	东南沿海各水系	植食性，主要刮食藻类	恢复种群
38	斑鳜	Siniperca scherzeri	花鲈、火烧桂、乌桂、黄花桂、岩鳜	辽河、鸭绿江、淮河、长江、珠江及东南沿海各水系	肉食性	恢复种群、渔民增收
39	大眼鳜	Siniperca kneri	母猪壳、刺薄鱼、羊眼桂鱼	长江及以南各水系	肉食性	恢复种群、渔民增收
40	香鱼	Plecoglossus altivelis	香油鱼、瓜鱼、海胎鱼、仙胎鱼、秋生子	通海江河下游（辽宁半岛至闽南）	植食性，主要刮食藻类	生物净水、渔民增收
41	鳡鳈白鱼	Anabarilius grahami	抗浪鱼	云南抚仙湖	滤食性，以浮游动物为食	保护特有鱼类
42	云南倒刺鲃	Spinibarbus denticulatus yunnanensis	黑脸鱼、毒鱼、红脸青鱼	云南抚仙湖、阳宗海、星云湖	草食性	保护特有鱼类
43	抚仙四须鲃	Barbodes fuxianhuensis	海心马鱼、抚仙吻孔鲃	云南抚仙湖	杂食性	保护特有鱼类
44	叉尾鲇	Wallago attu	奥图鲇、鲅豪	澜沧江下游	肉食性	保护特有鱼类
45	丝尾鳠	Mystus numerus	长胡子鱼、白须公鱼	澜沧江	肉食性为主的杂食性	保护特有鱼类
46	星云白鱼	Anabarilius andersoni	真白鱼	云南星云湖	滤食性，以浮游动物为食	保护特有鱼类

（续）

序号	放流物种中文名	学名	别名或俗名	分布区域	食性	功能定位
47	程海白鱼	*Anabarilius liui chenghaiensis*	白条鱼	云南程海湖	滤食性，以浮游动物为食	保护特有鱼类
48	春鲤	*Cyprinus longipectoralis*	春鱼	云南洱海	杂食性	保护特有鱼类
49	杞麓鲤	*Cyprinus chilia*	瘦头鲤、黄皮鲤	杞麓湖、星云湖、抚仙湖、滇池、洱海等云南高原湖泊	杂食性	保护特有鱼类
50	云南光唇鱼	*Acrossocheilus yunmanensis*	赤尾子、红尾巴、马鱼、花鱼	珠江水系、长江中上游及其支流	杂食性，以着生藻类等为食	保护特有鱼类
51	墨脱华鲮	*Similabeo dero*	塌鼻子鱼、戴氏孟加拉鲮、似鲮华鲮	雅鲁藏布江和伊洛瓦底江水系	植食性，主要刮食藻类	保护特有鱼类
52	云南华鲮	*Similabeo yunmanensis*	云南孟加拉鲮	澜沧江	植食性，主要刮食藻类	保护特有鱼类
53	暗色唇鲮	*Semilabeo obscurus*	褚嘴鱼、马鼻鱼、假设六鱼	珠江和元江水系	植食性，主要刮食藻类	保护特有鱼类
54	中国结鱼	*Tor sinensis*	红鱼、丝结鱼、鲤	澜沧江中下游	杂食性，主食水生无脊椎动物	保护特有鱼类
55	软鳍新光唇鱼	*Neolissochilus benasi*	软鳍四须鲃、花鱼	元江水系	杂食性	保护特有鱼类
56	异口新光唇鱼	*Neolissochilus heterostomus*	墨脱四须鲃、绿鳞鱼	雅鲁藏布江和伊洛瓦底江水系	杂食性	保护特有鱼类
57	腾冲墨头鱼	*Garra qiaojiensis*	棒棒鱼、麻鱼、小癞鼻子、鲴宝	伊洛瓦底江水系	植食性，主要刮食藻类	保护特有鱼类
58	中臂扒鲶	*Pseudobagrus medianalis*	中臂扒鲶、湾丝	云南滇池以及金沙江南侧支流普渡河水系	肉食性	保护特有鱼类

（续）

序号	放流物种中文名	学名	别名或俗名	分布区域	食性	功能定位
59	保山新光唇鱼	Neolissochilus baoshanensis	黄壳鱼、保山四须鲃、菁鱼	怒江水系	杂食性	保护特有鱼类
60	丁𩾌	Tinca tinca	欧洲丁𩾌、丁桂鱼、须鲮	新疆额尔齐斯河和乌伦古河流域	杂食性	保护特有鱼类
61	河鲈	Perca fluviatilis	五道黑、赤鲈	新疆额尔齐斯河与乌伦古河流域	肉食性	保护特有鱼类
62	梭鲈	Lucioperca lucioperca	十道黑、牙鱼、小狗鱼	新疆伊犁河水系和额尔齐斯河水系	凶猛肉食性	保护特有鱼类
63	白斑狗鱼	Esox lucius	狗鱼、乔尔泰	额尔齐斯河流域	凶猛肉食性	保护特有鱼类
64	贝加尔雅罗鱼	Leuciscus baicalensis	小白鱼、小白条	新疆额尔齐斯河与乌伦古河流域	杂食性	恢复种群、渔民增收
65	高体雅罗鱼	Leuciscus idus	圆腹雅罗鱼、中白鱼	额尔齐斯河流域	杂食性	保护特有鱼类
66	准噶尔雅罗鱼	Leuciscus merzbacheri	新疆雅罗鱼、小白鱼	新疆及乌鲁木齐河、乌尔禾河、玛纳斯河等水系	杂食性	保护特有鱼类
67	东方欧鳊	Abramis brama orientalis	鳊、鳊花	新疆伊犁河水系和额尔齐斯河水系	杂食性	恢复种群、渔民增收
68	叶尔羌高原鳅	Triplophysa yarkandensis	狗头鱼、叶尔羌条鳅	塔里木河水系	偏肉食性的杂食性	保护特有鱼类
69	伊犁裂腹鱼	Schizothorax pseudaksaiensis	臂鳞、伊犁裂尻鱼、大头鱼、伊犁弓鱼	新疆伊犁河水系	杂食性	保护特有鱼类
70	齐口裂腹鱼	Schizothorax prenanti	雅鱼、齐口、细甲鱼、齐口细鳞鱼	长江上游干支流和汉江上游	杂食性·以着生藻类等为食	恢复种群、渔民增收

（续）

序号	放流物种中文名	学名	别名或俗名	分布区域	食性	功能定位
71	重口裂腹鱼	Schizothorax davidi	重口细鳞鱼、雅鱼、重口、重唇细鳞鱼、细甲鱼	长江上游干支流，以嘉陵江、岷江、沱江水系的峡谷河流中多见	偏肉食性的杂食性	保护特有鱼类
72	中华裂腹鱼	Schizothorax sinensis	细鳞鱼、洋鱼	嘉陵江上游	杂食性：以着生藻类等为食	保护特有鱼类
73	四川裂腹鱼	Schizothorax kozlovi	细鳞鱼	长江上游的金沙江、雅砻江水系和乌江上游	偏肉食性的杂食性	保护特有鱼类
74	昆明裂腹鱼	Schizothorax grahami	细鳞鱼、细链	金沙江下游支流及乌江、赤水河上游	杂食性：以着生藻类等为食	保护特有鱼类
75	短须裂腹鱼	Schizothorax wangchiachii	缅鱼、沙肚	金沙江、雅砻江水系	植食性：主要刮食藻类	保护特有鱼类
76	长丝裂腹鱼	Schizothorax dolichonema	甲鱼、缅鱼、长丝弓鱼、长须细甲鱼	金沙江、雅砻江水系上游	植食性：主要刮食藻类	保护特有鱼类
77	小裂腹鱼	Schizothorax parvus	面鱼	金沙江支流漾弓江水系	偏肉食性的杂食性	保护特有鱼类
78	小口裂腹鱼	Schizothorax microstomus	小口弓鱼	泸沽湖	杂食性：浮游生物	保护特有鱼类
79	宁蒗裂腹鱼	Schizothorax ninglangensis	白面嘴	泸沽湖	杂食性：米虾和小鱼	保护特有鱼类
80	厚唇裂腹鱼	Schizothorax labrosus	窝子鱼	泸沽湖	植食性：水草和着生藻类	保护特有鱼类
81	灰裂腹鱼	Schizothorax griseus	面鱼、细鳞鱼	澜沧江、龙川江、大盈江水系	偏肉食性的杂食性	保护特有鱼类
82	云南裂腹鱼	Schizothorax yunnanensis	细鳞鱼、弓鱼	澜沧江中游的洱海、弥苴河、剑湖等水域	偏肉食性的杂食性	保护特有鱼类

（续）

序号	放流物种中文名	学名	别名或俗名	分布区域	食性	功能定位
83	光唇裂腹鱼	*Schizothorax lissolabiatus*	光唇弓鱼、大肚鲤	澜沧江、怒江中上游、元江、南北盘江上游	杂食性、以着生藻类等为食	保护特有鱼类
84	怒江裂腹鱼	*Schizothorax nukiangensis*	怒江弓鱼、怒江江鱼	怒江上游	杂食性、以着生藻类等为食	保护特有鱼类
85	南方裂腹鱼	*Schizothorax meridionalis*	白鱼	伊洛瓦底江水系的龙川江、大盈江	杂食性、以着生藻类等为食	保护特有鱼类
86	异齿裂腹鱼	*Schizothorax oconnori*	异齿弓鱼、欧式弓鱼、副裂腹鱼、横口四列齿鱼	雅鲁藏布江中上游	杂食性、以着生藻类等为食	保护特有鱼类
87	花斑裸鲤	*Gymnocypris eckloni eckloni*	大嘴巴鱼、大嘴花鱼、大嘴鱼	黄河上游和柴达木盆地格尔木河干支流	杂食性、以浮游生物等为食	保护特有鱼类
88	黄河裸裂尻鱼	*Schizopygopsis pylzovi*	小嘴湟鱼、小嘴巴鱼	高原地区的黄河上游干支流及柴达木水系	杂食性、以着生藻类等为食	保护特有鱼类
89	软刺裸裂尻鱼	*Schizopygopsis malacanthus malacanthus*	土鱼、小嘴鱼、玉树裸裂尻鱼	雅砻江、金沙江水系中上游干支流	杂食性、以着生藻类等为食	保护特有鱼类
90	嘉陵裸裂尻鱼	*Schizopygopsis kialingensis*	冷水鱼	嘉陵江上游干支流	杂食性、以底栖动物等为主食	保护特有鱼类
91	拉萨裸裂尻鱼	*Schizopygopsis younghusbandi younghusbandi*	杨氏裸裂尻鱼	雅鲁藏布江大拐弯以西干支流及羊八井温泉出水小河中	杂食性、以着生藻类等为食	保护特有鱼类
92	双须叶须鱼	*Ptychobarbus dipogon*	双须重唇鱼	雅鲁藏布江中游干支流	偏肉食性的杂食性	保护特有鱼类
93	裸腹叶须鱼	*Ptychobarbus kaznakovi*	花鱼、裸腹重唇鱼	金沙江水系、澜沧江、怒江上游干支流	偏肉食性的杂食性	保护特有鱼类

备注：淡水区域性生物种部分区域特有的，具有较高经济、生态等价值的物种。

附表 3 海洋不同水域主要增殖放流物种适宜性评价表

序号	放流物种中文名	学名	别名或俗名	分布区域	食性	功能定位
1	中国对虾	*Penaeus chinensis*	中国明对虾、东方对虾、对虾	渤海、黄海、以及东海北部	杂食性	渔民增收、种群修复
2	日本对虾	*Penaeus japonicus*	竹节虾、斑节虾、车虾、日本囊对虾	黄海、东海、南海、渤海	杂食性	渔民增收
3	脊尾白虾	*Exopalaemon carinicauda*	水白虾、白虾	黄海、渤海、东海	杂食性	渔民增收、种群修复
4	长毛对虾	*Penaeus penicillatus*	红尾虾、红虾	东海南部和南海北部	杂食性	种群修复、渔民增收
5	刀额新对虾	*Metapenaeus ensis*	泥虾、麻虾、红爪虾、基围虾	东海南部和南海	杂食性	渔民增收、种群修复
6	斑节对虾	*Penaeus monodon*	鬼虾、草虾	南海	杂食性	渔民增收、种群修复
7	墨吉对虾	*Penaeus merguiensi*	黄虾、香蕉虾	南海	杂食性	渔民增收、种群修复
8	三疣梭子蟹	*Portunus trituberculatus*	梭子蟹、枪蟹、海螃蟹、白蟹	渤海、黄海、东海、南海	杂食性	渔民增收、种群修复
9	锯缘青蟹	*Scylla serrata*	青蟹、黄甲蟹、蟳蜅、蟳	东海、南海	杂食性	种群修复、渔民增收
10	褐牙鲆	*Paralichthys olivaceus*	比目鱼、扁口鱼、左口、偏口、牙片	渤海、黄海	肉食性	渔民增收、种群修复
11	圆斑星鲽	*Verasper variegatus*	暮鳎、花斑宝、花边爪、花里豹子	渤海、黄海	肉食性	渔民增收、种群修复
12	钝吻黄盖鲽	*Pseudopleuronectes yokohanae*	沙盖、小嘴、田鸡鱼、扁鱼、地生子	黄海、渤海	肉食性	渔民增收、种群修复

（续）

序号	放流物种中文名	学名	别名或俗名	分布区域	食性	功能定位
13	半滑舌鳎	Cynoglossus semilaevis	龙鳎、牛舌头、鳎目	渤海、黄海、以及东海北部	肉食性	渔民增收、种群修复
14	黄姑鱼	Nibea albiflora	黄姑子、黄铜鱼、黄婆鸡、铜罗鱼	黄海、东海、渤海	肉食性	渔民增收、种群修复
15	日本黄姑鱼	Nibea japonica	白蜮、黑毛鲿、巨鸣鱼	东海	肉食性	种群修复、渔民增收
16	鮸	Miichthys miiuy	米鱼、鮸鱼、毛常鱼、黑鮸	东海	肉食性	种群修复、渔民增收
17	大黄鱼	Larimichthys crocea	黄花鱼、大王鱼、石首鱼、黄瓜鱼	黄海、东海、南海	肉食性	种群修复、渔民增收
18	鲛	Liza haematocheila	梭鱼、赤眼鲻、泥鲻、红目鲢	渤海、黄海、东海	杂食性	生物净水、渔民增收
19	鲻	Mugil cephalus	乌鲻、白眼、乌仔鱼、尖头鱼	东海、南海	杂食性	生物净水、渔民增收
20	许氏平鲉	Sebastods schlegelii	黑鲪、黑鱼、黑寨	渤海、黄海	肉食性	渔民增收、种群修复
21	日本鬼鲉	Inimicus japonicus	老虎鱼、石头鱼、石狗公	东海	肉食性	渔民增收、种群修复
22	褐菖鲉	Sebastiscus marmoratus	石头鲈、虎头鱼、石狗公	东海	肉食性	渔民增收、种群修复
23	真鲷	Pagrosomus major	红加吉、铜盆鱼、加腊、红鲷、红立	黄海、东海、南海、渤海	肉食性	渔民增收、种群修复
24	黑鲷	Acanthopagrus schlegelii	黑棘鲷、海鲋、乌颊、黑加吉、黑立	渤海、黄海、东海、南海	肉食性	渔民增收、种群修复
25	黄鳍鲷	Acanthopagrus latus	黄鳍棘鲷、黄鳍、鲛腊鱼、黄脚立	东海、南海	杂食性	渔民增收、种群修复

（续）

序号	放流物种中文名	学名	别名或俗名	分布区域	食性	功能定位
26	花尾胡椒鲷	Plectorhinchus cinctus	打铁婆、假包公、青鲷、花加吉	东海、南海	肉食性	渔民增收、种群修复
27	斜带髭鲷	Hapalogenys nitens	打铁鱼、包公鱼、黑鳍髭鲷	东海	肉食性	渔民增收、种群修复
28	条石鲷	Oplegnathus fasciatus	石鲷、七色、海胆鲷、黑嘴	东海	肉食性	渔民增收、种群修复
29	紫红笛鲷	Lutjanus argentimaculatus	红槽	南海	肉食性	渔民增收、种群修复
30	红笛鲷	Lutjanus sanguineus	红鸡鱼、红曹鱼、红鳍笛鲷	南海	肉食性	渔民增收、种群修复
31	平鲷	Rhabdosargus sarba	胖头、金丝鲚、平头、黄锡鲷	南海、东海	杂食性	渔民增收、种群修复
32	大泷六线鱼	Hexagrammos otakii	欧氏六线鱼、黄鱼、北方石斑	黄海、渤海	肉食性	种群修复
33	红鳍东方鲀	Takifugu rubripes	黑艇鲅、黑腊头、廷巴肘	黄海、渤海	肉食性	渔民增收、种群修复
34	菊黄东方鲀	Takifugu flavidus	艇巴、乖巴、菊黄、满天星	东海、黄海	肉食性	种群修复
35	暗纹东方鲀	Takifugu obscurus	河豚、气泡鱼、吹肚鱼、气鼓鱼	东海、黄海及长江中下游	偏肉食性的杂食性	种群修复
36	双斑东方鲀	Takifugu bimaculatus	鸡抱、龟鱼、街鱼	东海、南海	肉食性	种群修复、渔民增收
37	银鲳	Pampus argenteus	平鱼、白鲳、鲳、镜鱼	东海、黄海南部	杂食性	种群修复
38	蓝点马鲛	Scomberomorus niphonius	蓝点鲅、鲅、尖头马加	东海、黄海	凶猛肉食性	种群修复
39	四指马鲅	Eleutheronema tetradactylum	章跳、马友、午鱼	南海、东海	凶猛肉食性	种群修复

（续）

序号	放流物种中文名	学名	别名或俗名	分布区域	食性	功能定位
40	花鲈	*Lateolabrax japonicus*	鲈、花寨、板鲈、海鲈、七星鲈	东海、南海、黄海、渤海	凶猛肉食性	种群修复、渔民增收
41	点带石斑鱼	*Epinephelus malabaricus*	黑点青斑、马拉巴斑、似鲑石斑鱼	东海、南海	肉食性	种群修复
42	赤点石斑鱼	*Epinephelus akaara*	红斑、鲑点石斑鱼	东海、南海	肉食性	种群修复、渔民增收
43	青石斑鱼	*Epinephelus awoara*	土鲙、青斑、泥斑、腊鲙、青鲙	南海、东海	肉食性	渔民增收、种群修复
44	斜带石斑鱼	*Epinephelus coioides*	红点青斑、红点	南海、东海	肉食性	渔民增收、种群修复
45	鞍带石斑鱼	*Epinephelus lanceolatus*	宽额鲈、龙趸、龙胆石斑鱼、紫石斑	南海	肉食性	种群修复
46	卵形鲳鲹	*Trachinotus ovatus*	金鲳、黄腊鲳	南海	肉食性	渔民增收、种群修复
47	军曹鱼	*Rachycentron canadum*	海䲓、海兰鱼	南海	肉食性	渔民增收、种群修复
48	断斑石鲈	*Pomadasys hasta*	猴鲈、头鲈、星鸡鱼、石鲈	南海	肉食性	渔民增收、种群修复
49	海蜇	*Rhopilema esculentum*	绵蜇、红蜇、面蜇、鲊	渤海、黄海、东海	杂食性	渔民增收
50	金乌贼	*Sepia esculenta*	墨鱼、乌鱼	黄海	肉食性	种群修复、渔民增收
51	曼氏无针乌贼	*Sepiella maindroni*	花粒子、麻乌贼、血墨	东海、黄海南部	肉食性	种群修复、渔民增收
52	长蛸	*Octopus variabilis*	章鱼、巴蛸、长爪蛸	黄海、渤海	肉食性	种群修复

备注：海水物种是指主要生活在海洋中，具有重要经济、生态等价值的物种。

附表 4　主要增殖放流珍稀濒危物种适宜性评价表

序号	放流物种 中文名	学名	别名或俗名	分布区域	食性	功能定位
1	中华鲟	Acipenser sinensis	大腊子、大癞子、黄鲟、着甲、鳣龙	长江干流及东海、黄海、南海近岸水域，珠江、闽江也有分布	以动物性食物为主的杂食性	保护生物多样性
2	达氏鲟	Acipenser dabryanus	长江鲟、沙腊子、小腊子	长江中上游湖北荆州至四川宜宾江段干支流	杂食性	保护生物多样性
3	施氏鲟	Acipenser schrencki	史氏鲟、七粒浮子	黑龙江水系	以动物性食物为主的杂食性	保护生物多样性
4	达氏鳇	Huso dauricus	鳇	黑龙江水系	凶猛肉食性	保护生物多样性
5	大头鲤	Cyprinus pellegrini	柏氏鲤	云南星云湖和杞麓湖	滤食性、以浮游动物为食	保护生物多样性
6	乌原鲤	Procypris merus	乌鲤、墨鲤、乌鲷、乌钩、黑鲤	西江水系干支流	杂食性	保护生物多样性
7	岩原鲤	Procypris rabaudi	水子、黑鲤、岩鲤、墨鲤	长江中上游干支流	杂食性	保护生物多样性
8	胭脂鱼	Myxocyprinus asiaticus	黄排、血排、火烧鳊、中国帆鳍吸鱼	长江及闽江水系	杂食性	保护生物多样性
9	唐鱼	Tanichthys albonubes	白云山鱼、白云金丝、红尾鱼	珠江三角洲	杂食性	保护生物多样性
10	多鳞白甲鱼	Onychostoma macrolepis	钱鱼、梢白甲、赤鳞鱼、多鳞铲颌鱼	鄂西山地、秦巴山区、太行山脉及鲁中南山溪	杂食性	保护生物多样性
11	滇池金线鲃	Sinocyclocheilus grahami grahami	波罗鱼、小洞鱼、金线鱼	云南滇池及其附属支流	以动物性食物为主的杂食性	保护生物多样性

（续）

序号	放流物种中文名	学名	别名或俗名	分布区域	食性	功能定位
12	阳宗金线鲃	*Sinocyclocheilus grahami yangzongensis*	波罗鱼、小洞鱼、金线鱼	云南阳宗海	以动物性食物为主的杂食性	保护生物多样性
13	抚仙金线鲃	*Sinocyclocheilus grahami tingi*	波罗鱼	云南抚仙湖	以动物性食物为主的杂食性	保护生物多样性
14	大鼻吻鮈	*Rhinogobio nasutus*	土耗儿	黄河中上游	杂食性	保护生物多样性
15	长鳍吻鮈	*Rhinogobio ventralis*	土耗儿、洋鱼、老鼠鱼	长江上游干支流	杂食性	保护生物多样性
16	金沙鲈鲤	*Percocypris pingi pingi*	大花鱼、江鳅、江鲤、青脖、金甲鱼	长江上游干支流	凶猛肉食性	保护生物多样性
17	后背鲈鲤	*Percocypris pingi retrodorsalis*	花鱼	澜沧江和怒江上游部分江段和支流	凶猛肉食性	保护生物多样性
18	花鲈鲤	*Percocypris pingi regani*	花鱼	云南抚仙湖	凶猛肉食性	保护生物多样性
19	斑重唇鱼	*Diptychus maculatus*	棒子鱼、黄瓜鱼	新疆伊犁河、塔里木河水系	肉食性	保护生物多样性
20	新疆裸重唇鱼	*Gymnodiptychus dybowskii*	重唇鱼、石花鱼、花鱼、裸黄瓜鱼	新疆伊犁河诸多河流、额敏河，天山北坡诸多河流及天山南部的开都河等流域	杂食性	保护生物多样性
21	厚唇裸重唇鱼	*Gymnodiptychus pachycheilus*	重唇花鱼、麻鱼、豹鱼、厚唇重唇鱼、翻嘴鱼	青海、甘肃、四川等省黄河和长江上游各水系	杂食性·以水生昆虫等为主食	保护生物多样性
22	极边扁咽齿鱼	*Platypharodon extremus*	扁咽齿鱼、小嘴巴鱼、鳇鱼、草地鱼	黄河上游水系	植食性·主要刮食藻类	保护生物多样性

（续）

序号	放流物种中文名	学名	别名或俗名	分布区域	食性	功能定位
23	骨唇黄河鱼	*Chuanchia labiosa*	大嘴鱼、鳇精、小花鱼、黄河鱼	青海省龙羊峡以上的黄河上游及其支流白河和黑河	杂食性，以水生无脊椎动物和硅藻为食	保护生物多样性
24	扁吻鱼	*Aspiorhynchus laticeps*	新疆大头鱼、大头鱼、虎鱼	塔里木河水系	凶猛肉食性	保护生物多样性
25	祁连山裸鲤	*Gymnocypris eckloni chilianensis*	祁连裸鲤	黑河、疏勒河、石羊河等河西走廊内陆河系	杂食性	保护生物多样性
26	青海湖裸鲤	*Gymnocypris przewalskii*	湟鱼、花鱼、无鳞鱼	青海湖及其附属水体	杂食性	保护生物多样性
27	尖裸鲤	*Oxygymnocypris stewartii*	斯氏裸鲤、西藏裸鲤	雅鲁藏布江中游干支流	肉食性，以小型鱼类为食	保护生物多样性
28	细鳞裂腹鱼	*Schizothorax chongi*	细甲鱼	金沙江、岷江下游和长江干流上游	植食性，主要刮食藻类	保护生物多样性
29	澜沧裂腹鱼	*Schizothorax lantsangensis*	面鱼、长条鲤、澜沧弓鱼	澜沧江中上游	杂食性，以水生无脊椎动物和硅藻为食	保护生物多样性
30	塔里木裂腹鱼	*Schizothorax biddulphi*	尖嘴鱼	塔里木河水系	杂食性	保护生物多样性
31	拉萨裂腹鱼	*Schizothorax waltoni*	尖嘴、贝氏裂腹鱼、拉萨弓鱼	雅鲁藏布江中游干支流	偏肉食性的杂食性	保护生物多样性
32	巨须裂腹鱼	*Schizothorax macropogon*	巨须弓鱼	雅鲁藏布江上游干支流	偏肉食性的杂食性	保护生物多样性
33	长薄鳅	*Leptobotia elongata*	花鱼、花斑鳅、火军、老虎鱼	长江中上游干支流	肉食性	保护生物多样性

（续）

序号	放流物种中文名	学名	别名或俗名	分布区域	食性	功能定位
34	拟鲇高原鳅	*Triphophysa siluroides*	似鲇高原鳅、土鲇、石板头	黄河上游干支流及附属湖泊	肉食性	保护生物多样性
35	黑斑原鮡	*Glyptosternum maculatum*	巴格里、石扁头、帕立尼阿	雅鲁藏布江中游	杂食性	保护生物多样性
36	巨魾	*Bagarius yarrelli*	木瓜鱼、面瓜鱼、黄鱼	澜沧江、怒江、元江水系	凶猛肉食性	保护生物多样性
37	斑鳠	*Mystus guttatus*	鲋、芝麻鲋、白须鲋、剑骨鱼	珠江、元江、韩江水系	肉食性	保护生物多样性
38	细鳞鲑	*Brachymystax lenok*	山细鳞、江细鳞、阁鱼、金板鱼、小红鱼	滦河、辽河及黑龙江、图们江、鸭绿江、额尔齐斯河上游支流	肉食性	保护生物多样性
39	秦岭细鳞鲑	*Brachymystax lenok tsinlingensis*	花鱼、梅花鱼	渭河、汉水上游	肉食性	保护生物多样性
40	川陕哲罗鲑	*Hucho bleekeri*	四川哲罗鲑、勃氏哲罗鲑、虎鱼、猫鱼、虎嘉鱼	长江上游岷江水系和汉江上游	凶猛肉食性	保护生物多样性
41	太门哲罗鲑	*Hucho taimen*	者罗鱼、折罗鱼、折绿鱼、大红鱼	黑龙江水系、额尔齐斯河水系	凶猛肉食性	保护生物多样性
42	马苏大麻哈鱼	*Oncorhynchus masou*	孟苏大麻哈鱼、齐目鱼、樱鳟	图们江、绥芬河	肉食性	保护生物多样性
43	花羔红点鲑	*Salvelinus malma*	花里羔子、山泉鱼、天池鱼	鸭绿江、图们江、鸭绿江	肉食性	保护生物多样性
44	鸭绿江茴鱼	*Thymallus arcticus yaluensis*	斑鳟子	鸭绿江	肉食性	保护生物多样性

（续）

序号	放流物种中文名	学名	别名或俗名	分布区域	食性	功能定位
45	北极茴鱼	*Thymallus arcticus arcticus*	棒花鱼、花翅子	额尔齐斯河上游	肉食性	保护生物多样性
46	黑龙江茴鱼	*Thymallus arcticus grubei*	斑鳟子、红鳞鱼、鱼华、海罗茨	黑龙江水系	肉食性	保护生物多样性
47	松江鲈	*Trachidermus fasciatus*	四鳃鲈、花花娘子、花鼓鱼、媳妇鱼	渤海至东海沿岸及沿海内陆河	肉食性	保护生物多样性
48	褐毛鲿	*Megalonibea fusca*	毛常、黄金鲍	东海	凶猛肉食性	保护生物多样性
49	克氏海马	*Hippocampus kelloggi*	大海马、葛氏海马、琉球海马	东海、南海海域	杂食性	保护生物多样性
50	刀鲚	*Coilia ectenes*	长颌鲚、刀鱼、毛刀鱼、毛花鱼	黄海、渤海和东海，及长江、钱塘江等通海的江河	肉食性	保护生物多样性
51	背瘤丽蚌	*Lamprotula leai*	麻皮蚌、麻歪歪	长江中、下游流域的大中型湖泊及河流	滤食性，以藻类为食	保护生物多样性
52	大珠母贝	*Pinctada maxima*	白螺珍珠贝、白碟贝	海南、雷州半岛、西沙群岛附近海域	滤食性，以藻类为食	保护生物多样性
53	库氏砗磲	*Tridacna gigas*	大砗磲	海南岛以南南海诸岛海域	滤食性，以浮游生物为食	保护生物多样性
54	中国鲎	*Tachypleus tridentatus*	东方鲎、马蹄鲎、三刺鲎、海怪	东海、南海沿岸海域	杂食性	保护生物多样性
55	南方鲎	*Tachypleus gigas*	巨鲎	南海沿岸海域	杂食性	保护生物多样性

（续）

序号	放流物种中文名	学名	别名或俗名	分布区域	食性	功能定位
56	文昌鱼	Branchiostoma lanceolatum	海矛、鳄鱼虫、蛞蝓鱼	河北、山东、福建、广东、广西部分近海	滤食性、以浮游生物为食	保护生物多样性
57	棘胸蛙	Quasipaa spinosa	石鸡、棘蛙、石鳞、石蛙、石蛤	南方山地溪流	肉食性	保护生物多样性
58	大鲵	Andrias davidianus	娃娃鱼、人鱼、孩儿鱼、脚鱼、腊狗	长江、黄河、闽江、珠江中上游山涧溪流	肉食性	保护生物多样性
59	黑颈乌龟	Chinemys nigricans	黑颈彩龟、泥龟、三线龟、广东草龟	广东、海南、广西等地丘陵山区的溪流中	杂食性	保护生物多样性
60	鼋	Pelochelys cantorii	沙鳖、蓝团鱼、癞头鼋	长江流域及以南地区部分水系	肉食性	保护生物多样性
61	黄缘闭壳龟	Cuora flavomarginata	夹板龟、克蛇龟、断板龟、黄缘盒龟	河南、安徽等地山区丘陵	杂食性	保护生物多样性
62	黄喉拟水龟	Mauremys mutica	石龟、石金钱龟、水龟、香龟	我国东南部山区丘陵	杂食性	保护生物多样性
63	绿海龟	Chelonia mydas	绿蠵龟	黄海至南海沿岸	杂食性	保护生物多样性
64	山瑞鳖	Palea steindachneri	山瑞、瑞鱼	云南、贵州、广东、广西、海南等地山溪河流	肉食性	保护生物多样性

备注：珍稀濒危物种是指已列入或农业部濒危水生野生动植物种科学委员会论证、拟列入《国家重点保护野生动物名录》的水生生物种和《濒危野生动植物种国际贸易公约》附录水生生物种。

蔡文仙.2013.黄河流域鱼类图志［M］.西安：西北农林科技大学出版社.

曹英华，廖伏初，伍远安.2012.湘江水生动物志［M］.长沙：湖南科学技术出版社.

陈大刚，张美昭.2015.中国海洋鱼类（上卷、中卷、下卷）［M］.青岛：中国海洋大学出版社.

成庆泰，郑宝珊.1987.中国鱼类系统检索（上、下）［M］.北京：科学出版社.

福建省水产学会，福建省水产技术推广总站.2013.福建常见水产生物原色图册［M］.福州：福建科学技术出版社.

孟庆闻，苏锦祥，繆学祖.1995.鱼类分类学［M］.北京：中国农业出版社.

邵光昭，陈静怡.2003.鱼类图鉴：台湾七百多种常见鱼类图鉴［M］.台北：台湾远流出版事业股份有限公司.

申志新.2012.青海省重点水生动物图谱［M］.西宁：青海省重点水生动物图谱.

孙晓文.2005.内蒙古水生经济种植物原色图文集［M］.呼和浩特：内蒙古教育出版社.

王以康.1959.鱼类分类学［M］.上海：上海科技出版社.

伍汉霖，邵光昭，赖春福.1999.拉汉世界鱼类名典［M］.基隆：水产出版社.

伍云飞，吴翠珍.1992.青藏高原鱼类［M］.成都：四川科学技术出版社.

姚祖榕.2003.东海地区经济水产品原色图集［M］.北京：海洋出版社.

赵传姻，崔秀士.1995.世界海洋鱼名词汇［M］.北京：科学出版社.

中国科学院海洋研究所.1992.中国海洋鱼类原色图集（1、2）［M］.上海：上海科学技术出版社.

中国水产杂志社.1992.中国经济水产品原色图集［M］.上海：上海科学技术出版社.

庄平，张涛，侯俊利，等 . 2014. 长江中下游土著和外来鱼类［M］. 上海：上海科学技术
 出版社 .

邹国华，郭志杰，叶维均 . 2008. 常见水产品实用图谱［M］. 北京：海洋出版社 .